非遗传统服饰文化与技艺丛书
教育部人文社会科学研究项目（16YJC760059）
广东省哲学社会科学规划项目（GD15CYS05 / GD21CYS15）

岭南纺织服饰品
植物染

肖劲蓉　叶永敏◎著

中国纺织出版社有限公司

内 容 提 要

本书阐述了我国植物染发展史上代表时期的色彩美学特点及其与古典文学和绘画的关系，并对植物染前景做出展望；同时，选取岭南植物染主要分布地区进行田野调研，分享给读者代表性案例；此外，利用岭南地区丰富的植物染料资源进行了色彩分类实验，配以大量图片和数据分析表格，在此基础上设计并解析了若干服饰与文创作品，探讨了岭南植物染工艺在纺织服饰品中的具体表现和运用。

全书图文并茂，内容翔实丰富，图片精美，针对性强，具有较高的学习和研究价值，不仅适合高等院校服装专业师生学习，也可供植物染从业人员、研究者参考使用。

图书在版编目（CIP）数据

岭南纺织服饰品植物染 / 肖劲蓉，叶永敏著. --北京：中国纺织出版社有限公司，2022. 8
（非遗传统服饰文化与技艺丛书）
ISBN 978-7-5180-9705-0

Ⅰ. ①岭… Ⅱ. ①肖… ②叶… Ⅲ. ①植物—天然染料—染料染色—研究—广东 Ⅳ. ① TS193.62

中国版本图书馆 CIP 数据核字（2022）第 130125 号

LINGNAN FANGZHI FUSHIPIN ZHIWURAN

责任编辑：李春奕 责任校对：江思飞 责任印制：王艳丽

中国纺织出版社有限公司出版发行
地址：北京市朝阳区百子湾东里A407号楼 邮政编码：100124
销售电话：010—67004422 传真：010—87155801
http: //www.c-textilep.com
中国纺织出版社天猫旗舰店
官方微博http: //weibo.com/2119887771
北京华联印刷有限公司印刷 各地新华书店经销
2022年8月第1版第1次印刷
开本：787×1092 1/16 印张：10.5
字数：251千字 定价：88.00元

序

PREFACE

多年前就想写一本关于岭南植物染的书，起初只是对植物染感兴趣，当做出一件美丽的染色作品时，心里充满既神奇又满足的感觉。来到岭南后，致力于教授蜡扎染和手工艺术等课程，与植物染有了更紧密的联系。岭南地区温暖多雨，植物资源十分丰富，身处这个地域研究植物染有着得天独厚的优势，且当地浓厚的药食同源的文化为植物染创造了更多的可能性。于是与岭南植物染结缘，开始潜心研究，想把岭南植物染的文化和工艺传播出去。

岭南地区有些植物与布料同煮可得到鲜艳的颜色；有些可以直接得到色素；还有些蕴藏在人们的家常食材中。提取染液和染色的过程对环境的污染较小，染出的衣物等用品对身体有益处。这正符合了现代社会追求环保、可持续的理念。

植物染是人与自然和谐共处的产物。植物染的材料非常丰富，如蓝草之类的原材料就有菘蓝、蓼蓝、木兰、马蓝等，而南北方的蓝草分布不同，且珠江和长江流域虽同属南方，但盛产的蓝草又不同。又如茜草，北方的茜草染出的红色要比南方的茜草染得更红。大自然就是这么神奇，温度和湿度的一点差异，导致同一种植物的性能产生较大的变化，正所谓“橘生淮南则为橘，生于淮北则为枳，叶徒相似，其实味不同。所以然者何？水土异也。”

这本书选用了不同颜色和科属的植物进行染色实验和作品设计实践，精心设计和完成了几十种实验，并详细记录。在实验初期，从喜爱的蓝染入手，最初采用的是蜡扎染技法，这是较为常见的防染技法，虽简单但是效果明显。慢慢地，又以三原色实验推进研究。与颜料的三原色相比，植物染的三原色比较清雅，饱和度相对低一些，明度较高，但是色彩的层次仍然较多。染色的过程中经常需要等待、等待中可以得到意想不到的结果，比如雨天和晴天染出的效果是不一样的，且都是独一无二的。每一件植物染作品都呈现出不同的形态和色彩，代表着每一种植物的属性和艺术特征。在这个过程中，制作者可以感悟到生命和时间的价值。

本书的完成离不开众多植物染爱好者的支持，尤其是岭南植物染传承人代表：墩头蓝织染技艺传承人曾春雷、香云纱织造技艺传承人张绍景；五邑大学艺术设计学院服装与服饰设计专业学生陈华娇、敖湛雯、朱泳琳、张晓莹、阮家强、李倩仪、梁琦玲、刘冰妮、纪培琦、郑芷晴、陈彩薇等，在此深表谢意。

书中部分资料与图片来自作者于河源彭寨墩头村、顺德香云纱成艺晒莨厂、宏津晒莨厂、西樵香云纱博物馆、南国丝都博物馆等实地调研采访与图片、视频拍摄。

著者

2022年6月17日

目录

CONTENTS

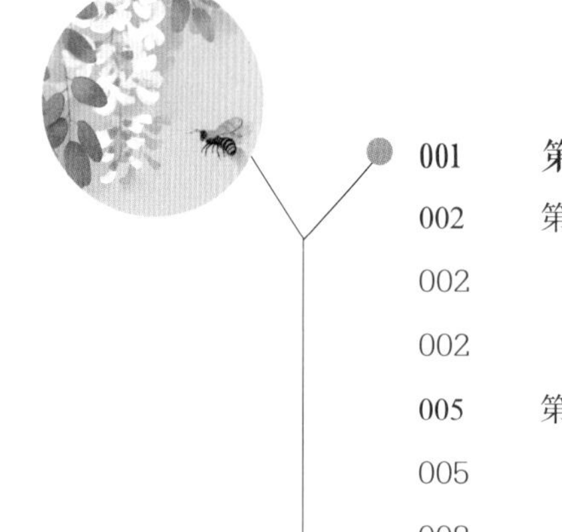

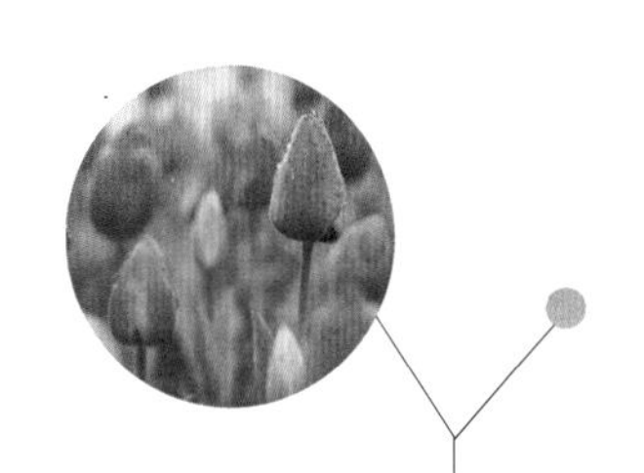

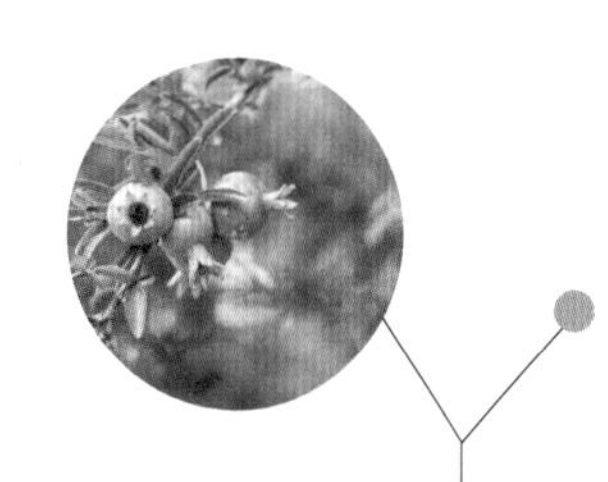

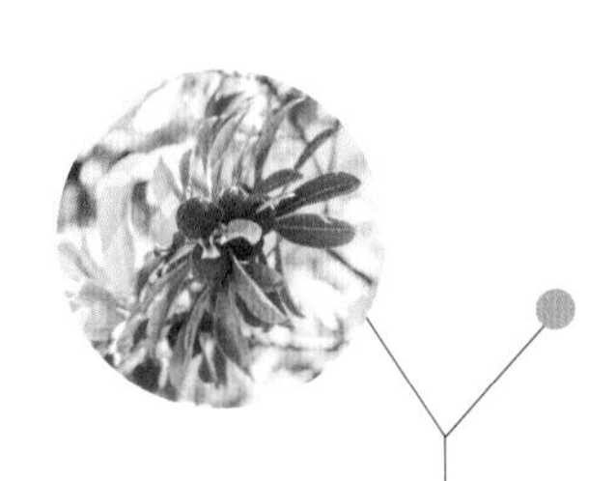

第一章

植物染概述

植物染是指使用天然植物为染料在织物上染色，染色过程中不用或极少使用化学助剂的一种方法。自然界中的花、草、树木、茎、叶、果实、种子都可以用来制作成染料。中国是最早使用植物染料染色的国家之一，植物染色技艺源远流长，是中华文明的重要组成部分。植物染在其他国家和地区也有着鲜明的特征，在现代纺织服饰品中有着广阔的发展前景。

第一节 植物染与植物染料

一、植物染

植物染是指从植物中提取自然的色素来对被染物进行染色的一种技法与工艺。“植物染色”这个词语来自现代人对这种技法的称号，晚清经学大师、教育家孙诒让以“草染”称之，其对《周礼·天官·染人》中祭服染玄纁色的释义：“凡染用草木者，谓之草染，祭服所不用。祭服纁玄，染必以石，谓之石染。”“植物染色”概念最早见于杜燕孙的《国产植物染料染色法》中，他提出了与“人造染料”相对应的“天然染料”，并将“植物染料染色”列入“天然染”中。现在学术界与行业内通称为“植物染色”或“植物染”。

中国植物染历史悠久，是传统的织物染色方法，根据《大戴礼记·夏小正》记载，夏代时，人们开始使用植物来进行染色，并且开始人工种植植物染料。

植物染的色彩来自于植物，在染制时，其色素分子通过与织物纤维的亲和而改变纤维的色彩，所染织物色彩柔和。采用植物染能染出的经典色彩就是中国传统的五色，即青、赤、黄、白、黑，亦被称为正色。除了特点鲜明的五色，通过植物染还可以得到很多其他颜色。同一种植物材料，通过使用不同的媒染剂，进行不同次数的套染与不同色相的复染，可以染出大量细腻的中间色。如中国传统色彩中的天青、月白、苍绿、黛蓝、绛紫、妃红等，丰富了植物染色彩的层次，这些色彩符合国人婉约内敛而又不失趣味的审美品位。传统植物染中处处表现出自然的馨香与美感，带着一草一木的气息，仿佛有生命的机体，蕴含着自然沉静、柔和笃定的气质，拥有着大度包容、与世无争的气度。所谓“质本洁来还洁去”，植物染来自自然，最终也将回归自然。

二、植物染料

传统的染色材料有矿物染料和植物染料，其中植物染料使用最为普遍，材料种类也最丰富。植物染，利用自然界的花、草、树木提取色素作为染料。因我国地域辽阔，各地气候不一，用作染料的植物种类非常多，特性不尽相同，这对染色效果会有影响，可以将植物染料进行详细的划分：如可按地域划分，用作植物的染料在华南地区、华东地区、华北地区、华中地区、东北地区、西南地区分布生长，地区性气候不同决定了各地区染料植物种类的数量；也可按民族划分，因为各个民族有其特有的染色技术和染料，如云南、贵州的蜡扎染，贵州苗族的亮布（贵州东南部地区一种经过染色和整理，表面光泽度很强的平纹粗棉布面料），海南黎族的黎锦染色，云南白族用当地的黑豆草染秋香色，用水马桑染茶黄色，用水冬瓜皮染咖啡色，用麻栎果壳染黑色和灰色。

表1-1是按地区划分的植物染料分布：

表1-1　我国常见植物染料分布

地区	种类
华南地区	薯莨、苏木、虎杖、决明子、石榴、杨梅、马蓝、木蓝、栀子、郁金、黄檗、小檗、柘树、黄连、桑
华东地区	菘蓝、蓼蓝、栀子、姜黄、盐肤木、麻栎、冻绿、艾草、落葵、乌桕
华北地区	菘蓝、茜草、黄檗、槐花、艾草
华中地区	红花、黄檗、栀子、五倍子、盐肤木、麻栎、田紫草、落葵
东北地区	茜草、黄檗、槐花、艾草、田紫草
西南地区	红花、姜黄、冻绿、艾草、蓼蓝、马蓝
西北地区	木蓝、红花、茜草、艾草、冻绿、菘蓝

表1-2是目前在我国较为常见和使用率较高的植物染料的原料植物，此表中不含常见于岭南地区的植物染料的原料植物（此部分内容将在第二章中列表详细讲解）。

表1-2　我国常见植物染料的原料植物

序号	名称	外观	习性及产地
1	菘蓝		菘蓝，十字花科，是古代制造蓝靛的主要原料之一。其色素在空气中氧化缩合为蓝色的沉淀，即蓝淀（靛蓝）。在古代，菘蓝制靛比蓼蓝等其他蓝草更为简单，明代之前的典籍甚至有“蓼蓝不堪为靛”之说。现常栽培于内蒙古、陕西、甘肃、河北、山东、江苏、浙江、安徽、贵州等地

续表

序号	名称	外观	习性及产地
2	蓼蓝		蓼蓝，蓼科一年生的草本植物，主要用作染色及药用。现分布在华东、西南地区以及辽宁、河北、山东、陕西等地，野生于旷野水沟边。叶子含蓝汁，可以做蓝色染料。贵州的彝族、布依族等少数民族仍然在大量使用蓼蓝加工扎染、蜡染的民族工艺品
3	红花		红花，菊科、红花属植物，色鲜红。红花喜温暖、干燥气候，抗寒性强，耐贫瘠。抗旱怕涝，原产中亚地区，国内主要分布在西北、西南、华中地区，现新疆、山东、西藏有种植。中国除在上述地区有引种种植外，河南、浙江、山西、甘肃、四川等地亦见有野生
4	茜草		茜草，茜草科。茜草属多年生草质攀援藤木，是一种历史悠久的植物染料，早在商周时已是主要的红色染料。茜草喜凉爽而湿润的环境，耐寒怕积水。地势高、土壤贫瘠以及低洼易积水之地均不宜种植。较多分布于东北、华北、西北地区，常生长于疏林、林缘、灌丛或草地上
5	黄檗		黄檗，芸香科。黄檗属落叶乔木。树皮灰褐色至黑灰色，木栓层发达，内皮鲜黄色，果实可作驱虫剂及染料。干燥的树皮是重要的黄色染料。主要分布于寒温带针叶林区和温带针阔叶混交林区。适应性强，喜阳光，耐严寒，宜于平原或低丘陵坡地种植。现主产于东北和华北地区，河南、安徽北部，宁夏、内蒙古也有少量栽种
6	槐花		槐花，又名洋槐花，指豆科植物槐树的花及花蕾，一般将开放的花朵称为“槐花”，也称“槐蕊”。温带树种，喜光和干冷气候，在高温高湿的华南也能生长，原产我国北部，常植于屋边、路边，主要栽培在北方，以黄土高原和华北平原为多，现我国南北各地已普遍栽培。槐花主要作为黄色染料，与不同媒染剂结合可以得到黄色或黄绿色
7	荞麦		荞麦，茎直立，分枝，光滑，红色，高40～110厘米。花白色或淡粉红色，具细长的小花梗，基部有小苞片，瘦果三角状卵形或三角形，棕褐色，光滑。一年生草本，花果期7～8月。荞麦喜凉爽湿润，不耐高温旱风，畏霜冻。荞麦在中国大部分地区都有分布，在亚洲和欧洲的国家和地区也有分布。荞麦性甘味凉，有开胃宽肠，下气消积，治绞肠痧，肠胃积滞，慢性泄泻的功效。荞麦色素存在于茎、叶部，可提取红褐色染料
8	五倍子		五倍子，又名百虫仓、百药煎、棓子。五倍子为野生药材，也是古代染色中染制黑色的主要植物之一，用它可染制深浅不一的黑灰色。生长于海拔250～1600米，以500～600米较为集中。现今我国五倍子产地主要集中分布于秦岭、武当山、巫山、武陵山、峨眉山、大凉山等山区和部分丘陵地带
9	麻栎		麻栎，壳斗科、栎属植物落叶乔木。麻栎的果壳，可用来染制黑色织物，在周代已被使用。该植物喜光，深根性，对土壤条件要求不严，耐干旱、瘠薄，亦耐寒、耐旱；现分布于辽宁、河北、山东、江苏、安徽、福建、湖南、广东、海南、贵州、云南等地区

续表

序号	名称	外观	习性及产地
10	冻绿		冻绿别名红冻，可作为绿色染料及入药使用。分布于甘肃、陕西、河南、江苏等地。具有观赏性，常生长于海拔1500米以下的山地、丘陵、山坡草丛、灌丛或疏林下。果和叶内均含有绿色素，是我国古代为数不多的天然绿色染料之一。明清时期，中国所产的冻绿已闻名国外，被称为中国绿
11	艾草		艾草，多年生草本或略呈半灌木状，植株有浓烈香气，艾草染色还具有功能性作用。艾叶晒干捣碎得到“艾绒”，制艾条供艾灸用，又可作“印泥”的原料。分布地区广，除极干旱与高寒地区外，几乎遍布全国。生长于低海拔至中海拔地区的荒地、路旁河边及山坡等地，也见于森林草原及草原地区，可染绿色
12	紫草		紫草，属紫草科多年生草本，其根富含紫色物质，染色成分主要为紫草宁及其衍生物，其中以乙酰紫草素含量最高。紫草宁须加媒染剂方可使丝、毛、麻等纤维着色。紫草加椿木灰、明矾等含铝较多的媒染剂可得紫红色。紫草，生长于荒山田野、路边及坡地灌丛中，分布于全国大部地区
13	田紫草		田紫草，为紫草科、紫草属植物。田紫草，是常见的野菜，根富含紫草红色素可染色。生长于丘陵、低山草坡或田边，分布于黑龙江、吉林、辽宁、河北、山东、山西、江苏、浙江、安徽、湖北、陕西、甘肃及新疆等地
14	落葵		落葵，落葵科落葵属植物，也是紫色染料植物，嫩茎叶可食，可炒食、烫食、凉拌。原产于亚洲热带地区。中国南北各地多有种植，南方有逸为野生。落葵果实成熟后变成深紫色，含红紫色汁液，可染紫色

第二节

我国植物染的历史与色彩配置

一、我国植物染发展概述

我国传统服饰的植物染色工艺，是人们在充分认识并了解自然界植物染料的特性与采集技术基础上产生和发展的。人们在长期的社会生活实践中不断了解和总结植物染料的外观特征与性能，包括植物的外形、色泽、结构、成分、寒湿热性等，并充分利用其性能进行传统植物染色工艺实践，并运用于服饰等领域。这些工艺反映了祖先们对大自然的喜爱，体现了人们对美的理解和对美好生活的追求，蕴藏着人类的智慧与创造力，是一门独特的视觉语言。

我国古代设有专门的司制管理，从染料的制备到染色都有整套的工艺技术。商周时期，使用的染草主要有蓝草、茜草、紫草、荩草、皂斗等。周朝文献记载，在政府机构中有专司染色的机构：在西周，周公旦摄政时期，政府机构中设有天官、地官、春官、夏官、秋官、冬官六官。在《周礼》上记载着天官下设有负责染丝、染帛等的“染人”的职务；在地官下设有管理征敛植物染料的“掌染草”的职务。周朝时，黑色、赭色、青色是一般百姓或劳动者所穿着衣服的色彩，这些色彩较为耐脏，染料取得容易，色牢度高，并且染色过程不困难。贵族的衣着色彩则丰富得多，其中以朱砂染成的朱红色最为高贵、最受欢迎，因为朱砂难以取得，因此价格较贵。其他较明亮的色彩如黄色也是贵族喜欢使用的服装色彩之一。

春秋战国时期，草染工艺技术已经相当成熟。染草的品种、采集、染色工艺、媒染剂的使用等方面，都形成了完善成熟的管理制度。当时已能用蓝草制靛染青色，荀子在《劝学篇》中说：“青，取之于蓝，而青于蓝。”意思就是说：青的颜色是从被称为蓝的植物中提炼出来的，却比蓝还要青。后来逐渐引申到比喻学生与老师的关系。战国时期已有大量精美的染织品，在陆续出土的许多文物中，发现战国时期的服饰和丝织品有些是以丝的本色出现的，有些是经过染色的，而且色相种类多。虽然经过漫长的岁月，在破碎的纤维间，还是可以发现深棕、浅棕、棕红、绛红、朱红、橘红、浅黄、金黄、土黄、槐黄、湘绿、钻蓝等色相。染色除用植物染料外，还有用朱砂颜料涂抹到经丝上，织出的花纹色调非常鲜明，富于对比变化。龙纹绣（图1-1）和龙凤虎纹彩绣（图1-2）的纹样中有朱砂、黑、绛红、深褐、土黄、粉黄、米色（近白）等七八种颜色。凤鸟形纹样淡黄绢地（图1-3），绣线颜色有深蓝、翠蓝、绛红、朱红、土黄、月黄、米色等色。对龙凤大串枝彩绣纹样被面以绢为地，呈桑黄色，花纹色彩有深蓝、天青、绛

图1-1　龙纹绣图

图1-2　龙凤虎纹彩绣图

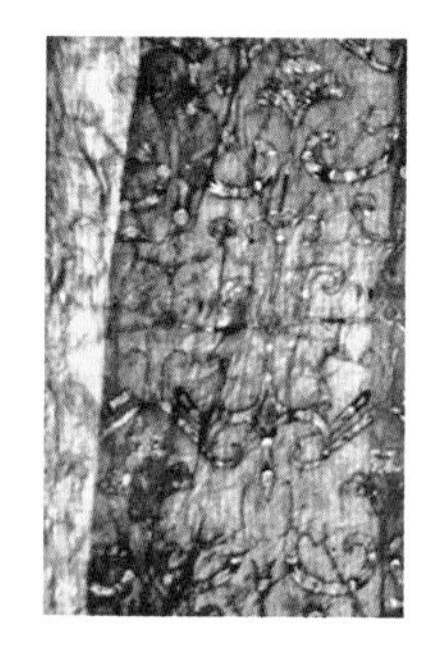

图1-3　凤鸟形纹样

紫、金黄、淡黄、牙白等六七种。

秦汉时期，染料植物的种植面积和品种不断扩大，已经出现规模化种植。秦朝所使用的植物性的染料有蓼蓝、马蓝、茜草、荩草、紫草、鼠尾草，蓼蓝、马蓝染蓝色，茜草染红色，荩草染黄色，紫草染紫色，鼠尾草染灰色与黑色。人们在染色实践中发现了染色与空白的对比关系，认识到控制染色面积和染色形状可以形成空白的花纹，于是防染技术开始出现。这一时期，西南一些少数民族地区首先出现了用蜡做防染剂的染花方法。当时多用靛蓝，又有少量紫色、红色。上染之后，去掉蜡纹即呈现白色花纹，得到了蓝底白花或色底白花的花布，古代称为“阑干斑布”，现代称为“蜡染花布”。而在汉代，观赏性的蜡染已开始出现了。西南地区蜡染艺术一直延续下来，至今在贵州、云南、广西等地的蜡染仍然流行。

到南北朝时植物染料的制备已经相当完备，可供常年存储使用。南北朝时期印染艺术较为突出的成就是绞缬的出现。绞缬也叫“撮缬”“撮花”“撮晕缬”，现代称“扎染”，而日本仍然还在沿用“绞缬”一词。根据《晋志》中的记载：“八座尚书荷紫，以生紫为袷囊，缀之服外，加于左肩。”囊大约是背于肩膀上的袋子或背囊之类的东西，叙述中的囊是紫色的，因此也可以知道紫色的染色除了出现于服饰上外，也被应用在器物上（图1–4）。

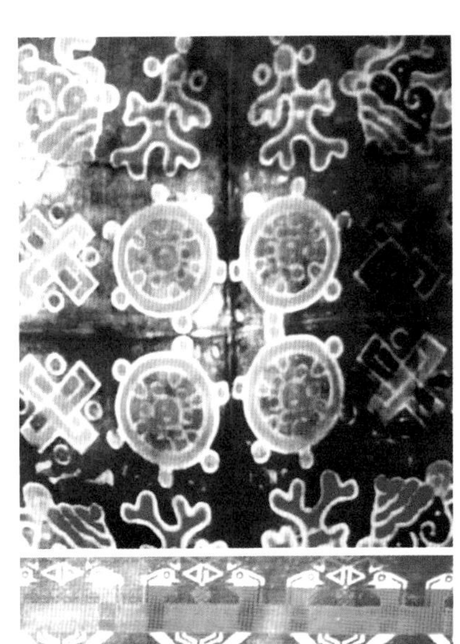

图1–4　南北朝时期印染织物

至明清两代，染料植物的种植、制备工艺、印染技术等方面均达到鼎盛。

植物染的发展是伴随着传统服饰的发展而发展的，服饰是植物染非常重要的表现形式，所以我们在谈到植物染的时候一定会提到服饰，它有着几千年的文化传播。

在封建礼制的影响下，人们所穿衣服的颜色根据社会阶级而定，阶级间不能逾越。黄色为最高级，是皇帝专用；紫色、红色等都是贵族所用；青色为最低级，是平民衣服的颜色。而无论哪个朝代，平民人数都比贵族人数多得多，所以青色的染料需求量大。而青色的染料大多来自“蓝类”植物。

古籍《天工开物》中记录了中国传统造物思想，认为造物的目的是“器用”，造物活动必须具备一定的实用价值。宋应星所强调的造物“工巧”更多的是省工、省时、耐用、适宜的经济、有效的原则，推崇“朴”“真”的造物价值观。植物染制品使用天然材料染色的同时又起到装饰作用，这与宋应星的造物价值观不谋而合。因为多余的装饰增加额外的经济成本对于当时食不果腹的百姓而言也实在是无用之物。宋应星“材美工巧”的概念是在保证具备实用功能的基础上的求真务实。“朴”“真”即是“美”。其“朴”“真”思想体现了中国农业时代的百姓对造物之美的追求。

二、代表时期的色彩配置

中国传统色彩不仅是一种视觉化的表象，更是在哲学、文学、历史等多维度基础上建立起来的关于社会建构的认识表现，体现了充满文化意蕴表达的多层解读。传统植物染柔和淡雅、清新质朴的色彩体系传递着中国传统哲学思想的中庸与美学之道，从植物染的色彩中我们能感受汝窑青瓷的雨过天青，能嗅到沉香的芳馥醇和，能看到山水墨色的幽远渲淡。本书中选择的植物染代表时期是隋唐与明清，分析这两个时期的主要（或流行）色彩和织物色彩。

隋唐是我国植物染的高度发达时期，涌现出较为成熟的染色技术和色彩体系；明清植物染继承了前朝的优秀技艺并发展得更为先进和高效，色彩体系也更为丰富。

（一）隋唐时期植物染色彩配置

1.隋唐时期的主要（或流行）色彩

隋到初唐时期，陶器、漆器、丝织品中色彩的使用比较偏向于纯色，色彩比较朴实并且配色单纯。源于古代传承至今的植物染实践了就地取材等“朴”“真”思想，植物染的色彩也将这一思想体现出来，因此隋代前期的色彩美学以淡雅简朴为主。

由隋入唐时，服饰色彩开始向艳丽发展，伴随着政治的稳定、经济的兴旺、染织技术的进一步发展，人们对于色彩的审美也由“单纯”向“丰富”发展。唐代的植物染色特色是间色的增加，色彩多达十种以上。

盛唐时，经济富足，文化繁荣，人们远离了战火的硝烟，身处一种享乐、和平、随性的生活氛围，文化的开放与包容为东西方文化交流提供了便利。盛唐中原与西域及日本、波斯等国家和地区文化的交流，给当时中国色彩领域的发展带来新风貌，色彩的运用更加丰富、多样化，具有不同民族的色彩风格。这段时期色彩丰富，取色大多来源于大自然中的色彩，常出现红、紫、黄、蓝、绿，其中红色调和蓝色调占绝大部分。服饰纹样的色彩搭配上，通过红色、黄色、蓝色的对比、降调、调和，大大地降低了色彩搭配时的不和谐因素。唐代服饰的色彩坚持“鲜亮”的颜色，对比色的应用使唐代的服饰在色彩上不同于以往朝代，整体的色彩呈现出艳丽明快的节奏，展现了唐代独特的风情。唐代是中国古代封建社会的鼎盛时期，这个时期的服饰色彩等可以反映出当时经济和文化的繁荣。唐代植物染的色彩和唐代妇女的偏爱也有很大联系，因为唐代的民风开放，妇女的地位较前代不同，社会整体对妇女有更高的包容度，促使唐代妇女更加追求表达自我的个性，明艳的色彩，大胆的配色和艳丽的服饰反映了当时社会风气变化以及审美风尚变迁中的自我追求。当时最流行、最时尚的颜色是红色，唐朝的女人们都喜欢穿石榴裙，可能和这种裙所染红色跟石榴花有关系，因为唐朝女人很喜欢石榴花的颜色，便有人想方设法将盛开的石榴花制作成染料用来染制衣服。除了石榴花，还喜用红花和茜草作为红色染料。

唐代的色彩特征是由该朝代本身的时代条件所决定的，不仅体现了唐风的特色，也体现了中国传统色彩方面取得的新成就。唐代鼎盛时期的用色可以说是中国古代最大胆、最绚丽、最浓艳亦最张扬的。从唐代不同时期的服色搭配看，唐人的色彩观经历了一个从继承传统到突破传统走向多元文化融合，最后向传统回归这样一个多变的过程。由此也可看出唐代社会审美风尚与社会心理的急速转变。唐代对色彩的认识与把握日渐成熟，宫廷女性的服饰吸取了大量西域色彩的特点，色彩组合明亮大胆，种类丰富，实现了传统风格、西域风格等多种地域风格的融合。唐朝的色彩就像唐朝人开放、热情的性格，多姿多彩却不失主色。

2.隋唐时期的织物色彩分析

隋朝时间较短，是一个承上启下的朝代，纺织品与初唐时期艺术特色相近。隋、唐以来，官办作坊成为高级染织品的主要生产部门，它与当时世家大族的庄园工场、商人的专业工坊以及家庭的小型作坊一同构成了隋唐染织工艺的生产结构。

隋代染织，官方设有织染署，管理生产。其丝织生产，北方以河北定州为中心，南方以四川成都、江苏苏州和江西南昌等地较为发达。织锦重要遗物以新疆吐鲁番阿斯塔那古墓出土织锦为其代表，有胡王锦、联珠小花锦、棋局锦、彩条锦等。色彩斑斓，纹饰多样，明快大方，别具一格。另外，西南一带所织的斑布和孔雀布亦较别致。

唐代染织，官方亦设织染署，其织锦工艺尤为发达。唐锦以纬丝织花十分流行，为织锦业的一大发展。所织锦纹，鸟兽成双，左右对称；联珠团花，花团锦簇；缠枝花卉，柔婉多姿。整体配色敷彩，典雅明丽。因受佛教影响，新奇富丽的宝相花和莲花图案（图1-5）也广泛流行，颜色生动，为唐代瑰丽生动的织锦纹样开创了新路。

图1-5　唐代织物纹样

唐代在平织的绢上进行装饰的方法是染色。除了单色的染色以外，也运用各种技术染出花纹，可以是单色的花纹，也有多至四种色彩的。唐代流行的染色的技术有三种：臈缬、夹缬和绞缬。臈缬就是今天所说的"蜡染"，是一种用蜡作为防染工具的染色工艺。夹缬是用雕花镂空的木板，把布帛夹在中间，空隙处填以染色，然后拆板就显出花纹。有时是把宽幅对折，染后花纹对称，这种技艺传说是唐玄宗时柳婕妤之妹所创，最初只在宫禁中流传，后来才流传到民间。另有记载，在隋朝大业年间，隋炀帝就曾以"五色夹缬花罗裙"赐宫人及百僚母妻。绞缬即今天的扎染，是用线把布帛打成结子，染色后，打结部分不被浸染而成斑纹。如果结子是按照一定的图案规律排列的，斑纹即排成一定的图案。

唐代的纺织品在图案色彩方面尤为突出的是唐初时期出现的纬锦，它的优势之一就是换色方便容易，这种工艺直接导致了织锦色彩的丰富与纹样的多元化。在色彩的搭配上往往以地纹色的对比色为主体花纹色，使其醒目突出（如唐代天蓝地宝相花纹锦琵琶袋），同时又采取色彩的退晕（称为"绘裥绣"），金银色的包边，以及合用灰色或邻近色陪衬与烘托等方法，使唐代多套色织锦纹样色彩既鲜艳夺目又和谐统一（如红地花鸟纹锦）。

从色彩的三要素来分析唐代织物色彩：

（1）从色相方面来看，相比于秦的黑、红，唐代织物色彩的色相种类较为丰富。会有多种相近色的相互调配，如樱桃红，胭脂粉，抹茶绿，橄榄绿，虽然都是相近色，但呈现效果具有层次感又不会过分花哨。

（2）从明度方面来看，相比于清代的深青、暗红，唐代织物色彩的明度多了一分亮丽，给人一种清新活泼的视觉体验，像是初出闺房的妙龄少女，天真烂漫，神清气爽，不会过于老气横秋，珠光宝气，奢侈之中又带有一丝优雅。

（3）从纯度方面来看，相比于宋代的淡色，唐代织物色彩的纯度更加饱和，通过纺织工艺，将这种高纯度色彩织造在服装上，告别淡色纱绢的小家碧玉，更显其服装的质感、色彩的高级，有着独具一格的皇室风派。

综上所述，隋唐时期的织物色彩，在隋至初唐总体上偏向于温柔和谐。到了盛唐，织物色彩明显浓艳富丽，多用对比色，视觉感应强烈鲜亮。中晚唐的织物用色趋向雅致清丽，很少用强烈的对比色，视觉观感柔和。

（二）明清时期植物染色彩配置

1.明清时期的主要（或流行）色彩

明朝初期，朱元璋实行了“上承周汉，下取唐宋”的治国理念，按照汉族的习俗，重新整理制定了服饰等级制度，加上程朱理学的宣扬，当时的社会思想较为保守，色彩基本沿袭宋朝的制度，没有大的改动。颜色上一开始较为朴素，艳丽的红色使用较少，比较多的是浅桃红、紫、绿及一些浅淡的颜色。

而明中后期，随着商品经济的繁荣发展，外国文化的传入带动了社会风尚的嬗变。整个社会的色彩变得缤纷绚丽、种类繁多。这时期大多数人更喜好一些明度、纯度都很浓厚的颜色，如：大红、靛蓝、石青与米黄色等。明朝中期妇女的服饰搭配色彩一般纯度都较高，例如饱和度高的红、蓝与黄的撞色搭配。

到了明朝晚期，色彩定位又回到了朴素、柔和，不再以大红和蓝等鲜艳高纯度的颜色为主调。在明天启和崇祯时期，许多素色系在大众中流行，如白色、玄色等。女性身穿白色的服装，给人一种不惹尘埃、飘飘如仙的感觉。

清朝统治者在未入关之前，受到契丹族文化的影响，也如契丹人一样喜欢绀色、玄色、紫色为主色的服饰。清初入主中原后，先是用武力手段逼迫汉族穿满人服饰，来维系新政权的建立，但是并未完全成功，在引发了激烈的民族矛盾后，清政府颁布了“男从女不从”的法令，使汉族女性着装仍然保留着明朝的色彩和服饰式样。

清中后期随着工艺技术水平的提高，色彩变得越来越成熟了，对于色彩的搭配更加讲究和丰富，如以沉稳的深蓝、红、棕、绿为底色，主体花纹则采用与之相对比的明亮鲜艳的红、黄、浅绿、天蓝色等。同时以类似色和含灰的中间色作衬托，并运用金、银、黑、白、灰等中性色包边处理，形成色彩饱和讲究对比的流行审美特色。

清代最流行的颜色应该是青色系（包括蓝），青色的服饰贯穿整个清代，并形成了青色的审美体系，影响到后世，如后来的阴丹士林蓝。

2. 明清时期的织物色彩分析

明清时期的织物色彩与唐宋既有联系又有明显的审美区别，形成另一个色彩审美体系。由《格致镜原》(编撰于清代康熙年间的一部介绍古代典籍中“物原”的书)所知，明清时期主流染料植物以蓝草、红花、栀子三类为主，黑色和绿色为辅。明清植物染色彩美学意境仍与中国传统色彩美学之道一脉相承。

明洪武元年(1368年)朱元璋下诏“悉命复衣冠如唐制，士民皆束发于顶”，诏书中关于织物和服色规定：官服乌纱帽、圆领袍束带，黑靴；士庶服四带巾、杂色盘领衣，不得用玄、黄；乐工冠青字顶巾，系红、绿帛带；士庶妻服浅色，团衫用纻丝、绫罗、绸绢。《明太祖实录》又记载洪武五年(1372年)规定：“民间妇人礼服惟紫絁，不用金绣，袍衫止紫、绿、桃红及诸浅淡颜色，不许用大红、鸦青、黄色，带用蓝绢布”。以上可见，明初的织物颜色已较丰富，织物色彩从官帽的乌色、黑靴到民间妇人的紫絁、绿、桃红及诸浅淡颜色，在原色基础上发展出更多的间色，就连黑色系也有细分，如乌色、鸦青色(黑而带有紫绿光)。

明永乐时期丝绸的提花技术得到了提升，丝绸产品的种类逐渐丰富，染色技艺与纺织生产工具得到了质的跨越。永乐时期经济政策的改变，贵族、商人以及士人对面料的质感、纺织技术和色彩提出了自己的要求。《明史·舆服志》称：正德十三年，“赐群臣大红贮丝罗纱各一”。由此可见当时红色也是官员服装常见服色(图1-6)。

明代中后期，在唐宋时期提花技术的基础上融入了织金技艺，形成色彩丰富生动的提花工艺。同时，由于“花楼机”“打底色”的工序增加，明代织物的颜色质感与层次增强，在色彩的饱和度、光泽度、色谱种类都有了提升。这一时期出现了茶褐色、藕色、酱色、茄色以及玉色等新的织物色彩类型。明代织锦盛行，丝织工艺达到登峰造极的水平，彩丝、织金、妆花，色彩与技艺不胜枚举。可见明代的植物染色技术已很成熟，不仅染布料，也可以染纱线。

清代承袭了前朝的传统，将色彩作为地位等级的象征。皇太极继位后强调服色体系的建设，历经顺治、康熙、雍正三朝，到乾隆时代，冠服制度基本确立，开始固定下来。清代记载冠服制度的比较完整的资料见于《大清会典》，书中内容是康熙、雍正、乾隆、嘉庆、光绪五朝所修会典的总称。写入《大清会典》的冠服主要有礼服、

图1-6　孔府旧藏明代服饰——红绸麒麟袍

一月 红缎绣梅鹤竹纹花神衣

三月 香色缎绣桃花蝙蝠纹花神衣

六月 果绿缎绣荷花纹花神衣

十二月 月白绸绣梅蝶纹花神衣

图1-7 清光绪年间花神衣

吉服、行服、常服、雨服等，均有等级之分，等级主要体现在冠顶、服装形制、材质、纹样、色彩五个方面，其中色彩的等级划分最为严格。

清代服饰是袍、褂搭配穿用，《天工开物》记载“毛青乃出近代，其法取松江美布染成深青”满族未入关之时，褂的布料主要为毛青布和毛皮，“毛青、深青”说明颜色为深蓝色。清朝建立初期，服制受明朝影响较大，又出现多彩纹样的袍褂。到了康熙时期，褂主要为蓝（青）色。《皇朝礼器图式》中记载“皇帝衮服，色用石青”，皇帝冬朝服，“色用明黄，披领及袖俱石青”，夏朝服色也如此；皇帝常服褂和皇太子龙褂均“色用石青”；由此可见青色是清代服色中最具代表性的色彩，覆盖面广，使用频率高。《皇朝礼器图式》中记载亲王朝服、蟒袍“蓝及石青诸色随所用，曾赐金黄者，亦得用之”。郡王、贝勒补服“色用石青”。清代皇太后、皇后、皇贵妃及以下冠服：皇太后、皇后朝褂色用石青，片金缘；朝袍色用明黄，披领及袖俱石青，片金加貂缘；贵妃、妃、嫔，颜色皆同。

清代服装色彩种类更多，有很多饱和度高的颜色，染色技术发达，可用来染色的材料也越来越多。例如图1-7是清代流传下来的戏曲服装，名为花神衣，颜色丰富，专用于花神节，始于春秋，盛于唐宋。花神衣是古人为祭拜一年的十二个月对应的花神而出现的，花朝节便是她们的生日。乾隆时期，特地置办了许多专用戏曲服装，花神衣便是其中之一。花神衣上分别绣有梅、兰、桃、牡丹、桂花等应季花卉。花神衣会根据四时花期选择色彩，花的图案用刺绣实现。花神衣色彩有饱和度高的玫红、黄色、果绿色，也有柔和的月白、玉色等色。色彩分类细致，说明媒染、套染技术的升级。

作为纺织艺术集大成的一个朝代，清时期的纺织色彩可谓是对于唐、宋、明三朝纺织文明总结升华的一个阶段，清朝前期对于仿宋的花色具有独特的偏好，色彩结构相对于明朝的浓烈更显得清新淡雅，这种趋势在清中期得到进一步的发展，“退晕法”的色彩表达方式既明快又柔和，和同时期的粉彩瓷器在色彩应用上有异曲同工之妙。到了清朝的晚期，颜色回归唐朝的壮丽之美，相比明朝的明快、宋朝的小巧更显浑厚，色彩配搭也具有相应的规制与寓意，形成了固定的程式，装饰与内涵并存。

从色彩三要素来分析明清织物色彩：

（1）从色相方面来看，明清织物色彩谱系分布较广，从饱和度较高的正红色、靛蓝色（青色）到较为朴素的天青色、月白色等。如明代官服与民间服饰色彩区别较大，明代官服分为从一品到九品，一品至三品着绯色，五品至七品着青色，八品九品着绿色。除此以外，皇室贵族及御赐服饰多以红色为基调。

（2）从明度方面来看，整体色彩的明度属于中高明度，淡色系的天青色、月白色，还有红色、绯色等，虽然青色、松绿等色明度稍低，但整体色彩偏中高明度。

（3）从纯度方面来看，皇室贵族服饰色彩明艳华贵，以大红色、金色、明黄色、鸦青等高饱和色为主，其他贵族则使用青色、绿色、红色、黑色、金色为最主要的辅助色彩。

综上所述，明朝早期沿袭宋朝的制度，颜色较为朴素。明中期色彩为明度、纯度较高的颜色，明朝晚期之后色彩重回朴素柔和之中，有较为完整的明代服色体系。清初时，色彩比较单一朴素，多为淡色。清中后期，织物多以中低饱和度色彩作为底色，面色和花纹色渐趋饱和且种类较多。明清时期色彩并非简单的红绿对比，从唐朝的重彩到宋朝的清雅，在明清时期的纺织色彩构成中都是有迹可循的，明朝的色彩相对于清朝更显俗艳而轻快，清朝的色彩更加繁复，具有一定的规制。

三、植物染色彩与古典文学绘画

中国古代植物染色彩丰富，各个时期的色彩仍能为我们所鉴赏，这些色彩主要存在于文学与绘画中。古典文学及绘画中对色彩的描写，不仅反映当时社会现实，也传达了古典主义的审美。

明代的织物色彩因为政治环境的影响，始终传达着鲜明的阶级特征，但随着明代中后期工商阶级的兴起，商人阶层可以用更昂贵的面料，织物色彩的选择也开始变得自由起来。《金瓶梅》中大量的服饰描写生动地反映了明晚期的社会风貌。如第40回，西门庆请裁缝给妻妾做衣服，其中吴月娘做了两件袍，“一件大红遍地锦五彩妆花通袖袄，兽朝麒麟补子缎袍儿，一件玄色五彩金遍边葫芦样鸾凤穿花罗袍”，文中写到的织物均是织锦的丝织物，且用较多的颜色和织法。例如，在明代画家作品《南屏雅集图》（图1-8）中，一位身着大红色长衫的女子正伏案创作一幅手卷，位于三位名士中间十分显眼。可见当时的染红技术已相当成熟。

而到了清代，织物色彩种类及染色技术成为集大成者。据文献记载，《红楼梦》作者曹雪芹家族三代供职于江宁织造，家中存有“植物染色丝绸色谱”等丰富的色彩研究资料，这无疑是曹雪芹深谙色彩美学的重要原因。在《红楼梦》中有许多关于织物色彩的名字：碧玉红、玫瑰紫、嫣红、酡颜、妃色、鹅黄、蜜合、琥珀黄、松花绿、秋香、月白、丁香、藕荷、黛螺、天青。这些色彩给人充满诗意的审美想象。

中国的传统颜色以“中和色”居多，古人的配色，讲究的是“参差的对照”，在丰富变化中追求和谐统一的美。《红楼梦》中有一段关于配色的描写，常被人津津乐道的“黄金莺巧结梅花络”，莺儿口中娓娓道来的配色方法使我们能感受到古人配色的美学经验：

图1-8　明戴进《南平雅集图》局部

莺儿道：“汗巾子是什么颜色？”宝玉道：“大红的。”莺儿道：“大红的须是黑络子才好看，或是石青的才压得住颜色。”宝玉道：“松花色配什么？”莺儿道：“松花配桃红。”宝玉笑道：“这才娇艳。再要雅淡之中带些娇艳。”莺儿道：“葱绿柳黄是我最爱的。”宝玉道：“也罢了。也打一条桃红，再打一条葱绿。”

——曹雪芹《红楼梦》

打一条汗巾穗络，便引出如此精彩的一段色彩论述，让我们实在叹服作者对色彩的敏锐感悟。通过《红楼梦》中的色彩描述，传统文学作品让我们见到古人对色彩搭配与使用都极其讲究道法。

《雍正十二美人图》(又名《雍正美人图》)，是雍正帝尚未登基前所收藏的十二幅美人图，是由清初画家创作的工笔重彩人物画(图1-9)。作品分别描画了十二幅身着汉服的女子对镜、品茶、观书、赏雪、缝衣等生活情景，以较写实的手法再现了当时女子冠服、室内家具和陈设，对那个时期的服饰、家具等领域的研究具有很高的学术价值。画中人物服饰是汉族服饰，画里的妇人所穿着服饰出现的中国传统色彩有朱红、碧色、紫檀、月白、青莲、靛蓝、蜜合、青紫、驼绒、雨过天青、豆绿、粉紫、紫红、缃色、豆绿、秋香绿、油绿、藕合、绯色、佛青色、玄色等。基本涵盖了中国

图1-9 《雍正十二美人图》

传统赤、青、黄、白、黑五正色以及紫、绿、灰、咖等间色。衣着面料以丝绸为主，对我们研究明清时期的中国传统色彩有极大的借鉴意义。

图1-10 《康熙南巡图》

由前文可知，清代尚青，从皇帝到贵族、官员，青色（蓝色）、石青色（近似黑色的蓝）是最常穿用的服色，这一点从流传下来许多表现皇帝出巡的画卷里都有所描绘，如《康熙南巡图》（图1-10），从石青色到深浅不一的蓝色，表现出皇家的庄严和礼制。

现代植物染在全世界都得到了积极的发展，尤其是亚洲的中国、日本、印度三个国家的植物染各具特色。下一节就以日本和印度两国的植物染色为例进行分析。

第三节

其他国家的植物染

一、日本植物染

中国植物染与日本植物染体系相近，主要是蓝染和彩色染。日本的蓝染主要作物是蓼蓝，公元6世纪时由中国传入日本，被广泛种植，后来在德岛县西阿波地区得到了极大发展，因此被称为阿波蓝，享誉日本全国。因德岛盛产蓼蓝，现代日本的蓝染品质仍然以这个地区为最好，在此地也有较多蓝染工坊和产品品牌。

日本植物染彩色染色系较早就产生了，在文学作品中也有大量出现，如：红绯、山吹、琥珀等（图1-11）。这些颜色常常被用于和服或其他日本传统艺术和手工艺中。

山吹

琥珀

红绯

图1-11　日本传统植物染色彩

这些充满自然美和文学性的色名是诞生于千百年来的日本社会、文化、生活中的色彩感觉而形成的固有色名。日本传统色约1100种，衣食住行、祭祀仪礼、艺术文学……目之所及都有传统色的身影。在日本，你会发现青、红、皂、白这四种颜色奇妙地组合在一起，几乎构成了日本古典园林、寺庙建筑的“四原色”。茜色、东云、瓶窥、钝色、赤朽色、萱草色、留绀色……这些典雅的色名与多彩的颜色所塑造的世界，不仅透露出人与自然的相互关照，对四季变换的细腻感知，也记录了古往今来人们的生活情趣和审美之心。日本传统色研究专家长泽阳子从上千种日本传统色中精选了160种最具代表性的日本传统色，按春夏秋冬的四季推移，并配合精美的彩绘呈现了160首无与伦比的“色彩风物诗”。例如“桃色”的由来，桃色染料制作并不是用桃花，而是用红花，但是染成桃色的技艺被称为“桃染”。其中三月三日的女儿节因正值桃花盛开，又被称为“桃花节”。这里有一首咏唱于奈良时代的和歌：

春天的庭院开满了桃花

桃花映照的小路上

伫立的少女也像花儿一般美丽

——大伴家持《万叶集》

这首和歌充分表达了女儿节中少女的娇羞和美好之态，与现在流行的日式美学中的侘寂风格大相径庭。关于颜色的命名也是较为诗意，更见古时日本审美的细腻和情趣。

目前日本仍然保留有较完整的植物染色技艺，如其中的代表性人物吉冈幸雄、山崎和树。吉冈幸雄被誉为日本的草木染大师，其世代家传植物染色技艺，著有多本关于植物染的著作，如《染出日本的色彩：日本传统染色技艺》，这本书使读者了解到日本的传统色彩很大一部分来自于植物染料的色彩。

二、印度植物染

印度的植物染行业一直比较发达，他们的衣食住行常与植物染相关。“Indigo”（靛蓝）由单词字面来看，与India（印度）有一定联系，有种说法指Indigo的意思是“来自印度”。的确，印度的靛蓝是世界上品质最好的靛蓝植物之一。上文所讲日本德岛的阿波蓝到了明治时代后期，被印度蓝所取代，可见印度植物染色历史也非常悠久，工艺更加精湛。印度靛蓝的光泽度非常好，在出售时做成粉状或块状，看上去像发光的蓝色泥块。

在印度北部地区的拉贾斯坦邦、古吉拉特邦等地，有一些艺术家和公益人士成立植物染手工艺工作室。这些工作室强调自然染色工艺的重要性，一些女性工作室主理人清晨去寺庙收集信徒留下的废弃花朵和色料，用来做植物染色。染出手工纺织的丝线，绣在裙子上。

印度的扎染和雕版印染也是当地非常古老的工艺。染料有蓼蓝、板蓝、艾蒿等，结合一种紫胶原料，可以染出多种颜色。以黄色、红色、蓝色、绿色、黑色为主调，绚丽多彩（图1-12）。由此可见，印度人一直喜爱高饱和度色彩，各种彩色植物染都很盛行，这种审美一直持续到现今。

图1-12 印度植物染织物晾晒

第四节

植物染在现代纺织服饰品中的市场前景

植物染是我国一种古老而传统的染色艺术，蕴含了各地的文化和地域特征，在色彩、图案等方面，深刻地体现出各个民族所特有的性格。近些年来人们更倾向于穿用更加自然的服饰，植物染刚好能满足现代人的需求，因此植物染的市场前景非常值得肯定。

一、植物染的健康性

在当今这个快速消费的时代，常常一味追求速度，当环境受到严重污染时，人们才意识到身体健康的重要性，既要“美”，也要健康。植物染染出的织物色泽温和、淡雅、内敛，亲和皮肤，对人体无害。因为植物染的健康属性，植物染材料非常适合用来制作家居服，特别是把植物染运用于家纺、婴幼儿服装及内衣制作方面，功效显著，深受消费者青睐，既能够满足家居服亲肤舒适天然的需求，又给家居服的色彩设计带来很大的自由度。例如植物染出的黄色色彩饱和度普遍较高，色阶丰富，充满趣味，适合春夏服装、童装等用色，穿上后活泼朝气，作为家纺等用色也能够为居家生活带来好心情。

植物染经过千年的传承和研究，工艺方法依然能够被保存下来，说明其生命力顽强，即使现代化制作工艺再先进，植物染的天然优势也不可替代，植物染的环保、绿色特点也不可磨灭，所以纺织服装产业想要可持续发展，就不可忽略植物染艺术健康属性的存在，不断开拓更多植物染现代化工艺手法，促进植物染与现代纺织面料设计的有机融合。

二、植物染的文化性

植物染作为一种优秀的民族非物质文化遗产，应该受到重视和创新，我们寻求将植物染中的民族感与现代时尚进行充分融合，保护其文化价值并为现代设计和现代生活服务，让古老的植物染技术在当今焕发出应有的光彩。植物染在审美上的独特之处包含了不可复制的天然而成的视觉印象、充满意蕴的色彩魅力、个性化的审美情趣。对于纺织品设计来说，适当加入植物染技艺可以提高纺织品的整体艺术水平与审美水平，也有利于对传统文化创新性传承与推广。

植物染的发展要充分把握当下年轻人的消费心理、消费需求以及大众的审美喜好，适应人们的快节奏生活习惯，及时把握最为流行的趋势，也可以积极融入国际化的元素，将带有中国特色的植物染推广到世界各地，例如扎染卫衣将植物染技法与现代运动休闲风格结合，就很受欢迎。

岭南植物染色文化深植在当地人的日常生活中，与当地人的生活息息相关，是独特地域文化的表现，是一张丰富的地方文化名片，表达着深刻的地域文化认同。

三、植物染的时尚性

植物染给现代服饰设计带来很多设计灵感，植物染产品已经向个性化、品牌化方向发展，植物染中的面料肌理、渐变效果及丰富图案，以及染色效果经过长时间的演变，形成了清新、朴素的印染风格。现代设计师从植物染中寻求设计灵感，以求设计出符合市场需求和消费者青睐的作品。设计师打破传统染色纹样的构成，经过再创后将其融入现代服饰中。

植物染造型简练、纹理特别、色彩性格明确，适合当代人们生活的需要，也符合当代人们的审美情趣。植物染色的红色系、蓝色系和棕色系通常颜色淡雅、饱和度不高，与近几年来众多品牌在设计中大量使用饱和度较低的色彩趋势相符合，便于服装及纺织产品设计师设计出紧跟市场趋势的产品。

随着现代科技的进步和发展，在运用植物染时，可以根据市场最新的流行预测，迅速反馈并通过互联网获取全球性资讯，运用计算机辅助设计系统进行最新配色方案和图形创意，再利用现代染色技术和独特工艺技法融合进时装中。

近年来植物染备受关注，研究岭南传统的植物染色工艺也有了重提的价值。随之植物染的品牌也陆续出现，例如：天意、无用、生活在左等。这些品牌的出现就是当下社会转型时期传统手工艺结合现代审美的一种趋势。

第二章

岭南植物染料的分类与色彩特征

岭南地域广阔，民族众多，高温湿润的天气特别适合植物的生长，因此植物染料种类特别丰富，植物染料色彩也特征鲜明。

第一节

岭南植物染料的分类

岭南，原是指中国南方五岭以南的地区，现特指广东、广西、海南、香港、澳门三省两区。岭南是中国一个特定的环境区域，地理环境相近，属于东亚季风气候区，具有热带、亚热带季风海洋性气候特点，气候湿润，高温多雨。大部分地区夏长冬短，终年不见霜雪。因全年气温较高，加上雨水充沛，所以林木茂盛，四季常青，百花争艳，各种果实终年不绝，植物资源非常丰富。植物染色是一门依赖于环境，就地取材的工艺，岭南植物染色工艺离不开当地地域所处位置的优势。

岭南的植物染料都带有自身一定的特性，比较著名的有靛蓝的蓝染、香云纱的薯莨染。常见的植物染料有薯莨、苏木、虎杖、小檗、姜黄、桑叶、栀子、马蓝、木蓝等。本节按基础配色从红、黄、蓝色系将岭南的植物染料进行分类，制作成图表。

一、红色系

岭南地区的红色植物染料种类较多，可染出深浅浓淡不一的红色，色系相对比较丰富，主要的红色植物染料如表2-1所示。

表2-1　岭南红色系植物染料的原料植物

序号	名称	外观	形态	习性	药性	染色
1	薯莨		多年生缠绕藤本植物，薯莨为植物块茎，类似于山药、红薯，坚硬结实，外皮呈棕黑色，内部呈红褐（黄）色，横断面有白色细网花纹，新鲜时红色，茎绿色	花期4~6月，果期7月~翌年1月。生于山谷阳处疏林下或灌丛中。喜温暖，茎叶喜高温、畏霜冻，最适生长温度为26~30℃。块茎一般生长在表层。薯莨属浅根系植物需水灌溉，但不耐水。薯莨耐阴，但块茎积累养分需强光	薯莨块茎富含单宁，可提制栲胶，或用作染丝绸、棉布、渔网；也可作为酿酒的原料；入药能活血、补血、收敛固涩，治跌打损伤、血瘀气滞、月经不调、妇女血崩、咳嗽咳血、半身麻木及风湿等症	薯莨染整加工历史悠久，《广东新语》记载："薯莨产北江者良，其白者不中用，用必以红。红者多胶液，渔人以染罛罾。使苎麻爽利既利水，又耐碱，潮而不易腐。薯莨胶液本红，见水则黑。"

续表

序号	名称	外观	形态	习性	药性	染色
2	苏木		具疏刺，枝上的皮孔密而显著。羽状复叶，对生，无柄。小叶片纸质，长圆形至长圆状菱形。花梗被细柔毛，花托浅钟形，萼片呈兜状。花瓣黄色，花柱细长。种子3~4颗，长圆形，稍扁，浅褐色	豆科植物，花期5~10月，果期7月~翌年3月。用于染色的部分是苏木的干燥芯材	具有活血止痛等功效，常用于治疗女性月经疾病或产后调理。如：配桃仁，能活血祛瘀止痛，治妇女经闭，血瘀腹痛及各种瘀血肿痛等；配益母草，可治瘀血腹痛，产后恶血不行等	一种非常好的红色植物染料，有关最早文献为晋代嵇含著《南方草木状》，当时使用苏木染布成红色后，用河水漂洗“则色愈深”。苏木在唐朝大量进入中原，成为当时的重要染料，日本奈良时代也受其影响，中、日在当时的印染绘画方面出现了苏木色、苏枋色的传统色名。苏木与不同的媒染剂作用或与其他植物染料套染可得到不同的色彩。苏木是红色植物染料中最易复原的，是研究设计、开发红色植物染色的重要材料
3	虎杖		多年生灌木状草本，高1米以上。根茎木质，黄褐色。茎直立，表面无毛，散生着多数红色或带紫色斑点，中空。花小而密，白色。瘦果红褐色，光亮	蓼科大型多年生草本植物，花期7~9月。多生于山谷、溪边、林下阴湿处，溪旁或岸边。春秋采挖。根和茎含鞣质，可作为染材	具有利湿退黄，清热解毒，散瘀止痛，止咳化痰的功效。用于治疗湿热黄疸、淋浊、带下、风湿痹痛、痈肿疮毒、水火烫伤、经闭、症瘕、跌打损伤、肺热咳嗽	较早文献记载见于《尔雅》：“虎杖，似红草，可以染赤。” 虎杖中主要含有虎杖黄色素，在酸性介质中，色素溶液为黄色，在中性、碱性介质中，色素溶液由黄变红。所以可以染出偏红的黄色、红色。虎杖染料多用于大豆蛋白复合纤维、棉等纤维的染色
4	决明子		决明花黄色，荚果细长，四棱柱形；小决明植株较小，荚果较短	为豆科一年生草本植物决明或小决明的干燥成熟种子。生长于山坡、路旁和旷野等处。分布于长江以南各省区，全世界热带地方均有	以其有明目之功而名之。决明子味苦、甘、咸，性微寒，入肝、肾、大肠经；润肠通便，降脂明目，治疗便秘及高血脂，高血压。清肝明目，利水通便，有缓泻作用，降血压降血脂	决明子可按常规染色工艺对各类纤维进行染色，且得色很深，色牢度较好。决明子运输储藏方便，保质期长，价格低廉，对现有印染设备无需改进，且能达到相同染色深度所需染料量与合成染料相当。也可染出红或偏红的黄色

续表

序号	名称	外观	形态	习性	药性	染色
5	杨梅		常绿乔木，高可达12米，树冠球形。单叶互生，长椭圆或倒披针形，革质。花雌雄异株，花朵造型较小，主要为红色	杨梅，喜酸性土壤，原产中国温带、亚热带湿润气候的海拔125~1500米的山坡或山谷林中，主要分布在长江流域以南、海南岛以北，即北纬20度至31度之间，与柑橘、枇杷、茶树、毛竹等分布相仿，但其抗寒能力比柑橘、枇杷强。花期4月，果期初夏。春初剥取树皮	杨梅性温、味甘、酸、入肺、胃经；止渴、止呕、消食、利尿，有降血脂、治痢疾等作用。既可直接食用，又可加工成杨梅干、酱、蜜饯等，还可酿酒	杨梅果和树皮均可染色。杨梅果可染粉色。杨梅树皮含杨梅树皮甙、杨梅树皮素、大麻甙，又含鞣质，可染黄色

二、黄色系

岭南地区的黄色植物染料种类较多，可染出的色系相对也比较丰富，主要的黄色植物染料如表2-2所示。

表2-2　岭南黄色系植物染料的原料植物

序号	名称	外观	形态	习性	药性	染色
1	栀子		又名木丹（《本经》）、鲜支（《上林赋》）、峭桃（《广雅》）、卮子（《汉书》孟康注）等。常绿灌木，高0.5~2米，叶对生或三枚轮生，革质。花单生于枝端或叶腋，大形，白色。花期5~7月，果期8~11月，10月间果实成熟，果皮呈黄色时采摘	性喜温暖湿润气候，好阳光但不能经受强光照射，适宜生长在疏松、肥沃、排水良好、轻黏性酸性土壤中，抗有害气体能力强，萌芽力强，耐修剪。常生于低山温暖的疏林中或荒坡、沟旁、路边。分布于江苏、浙江、安徽、江西、广东、广西、云南、贵州、四川、湖北、福建、台湾等地	栀子的果实是传统中药，具有护肝、利胆、降压、镇静、止血、消肿等作用。在中医临床常用于治疗黄疸型肝炎、扭挫伤、高血压、糖尿病等症	栀子应用于染色部分的是果实，其果实含野红花素类的藏红花素，可直接染黄色系列的染料。《本草纲目》记载："其实染物则赭色"；《物理小识》也记载："种之染取大色。"是中国古代重要的黄色系染材

续表

序号	名称	外观	形态	习性	药性	染色
2	石榴		单叶，通常对生或簇生，无托叶。花顶生或近顶生，单生或几朵簇生或组成聚伞花序，近钟形，覆瓦状排列，胚珠多数。浆果球形，顶端有宿存花萼裂片，果皮厚；种子多数，浆果近球形，外种皮肉质半透明，多汁；内种皮革质	果熟期9~10月。生长于海拔300~1000米的山上。喜温暖向阳的环境，耐旱、耐寒，也耐瘠薄，不耐涝和荫蔽。对土壤要求不严，但以排水良好的夹沙土栽培为宜	性味甘、酸涩、温，具有杀虫、收敛、涩肠、止痢等功效。石榴果实维生素C含量高	石榴皮含鞣质为用于染色的主要部位，秋季果实成熟，顶端开裂时采摘，除去种子及隔瓤，切瓣晒干或微火烘干。可作染料，染出淡黄或赭黄类颜色
3	郁金		又名毛姜黄（《广州植物志》）。多年生宿根草本。根粗壮，末端膨大或长卵形块根，块茎卵圆或圆柱状，断面黄色。穗状花序，花期4~6月。郁金与姜黄形态相似	喜温暖湿润气候，阳光充足，雨量充沛的环境，怕严寒霜冻，怕干旱积水。宜在土层深厚、上层疏松、下层较紧密的砂质壤土栽培。忌连作，栽培多与高秆作物套种。冬、春采挖，摘取块根，除去须根，洗净泥土入沸水中煮或蒸至透心，取出晒干	新鲜根茎切片称“片姜黄”，能行气破瘀，通经络。用于风湿痹痛，心腹积痛、胸胁疼痛，经闭腹痛，跌打损伤等血瘀气滞的症候。煮熟晒干的块根称“温郁金”，能疏肝解郁，行气祛瘀，用于治疗月经不调、肝炎、肝硬化、胆囊炎、心绞痛等症	郁金块根含有姜黄素类化合物，有香气，可浸水后作为黄色染料，也可作为食用染料
4	姜黄		株高1~1.5米，根茎很发达，成丛，分枝很多，椭圆形或圆柱状，橙黄色，极香；根粗壮，末端膨大呈块根。叶每株5~7片，叶片长圆形或椭圆形，长30~45（90）厘米，宽15~18厘米，顶端短渐尖，基部渐狭，绿色，两面均无毛；叶柄长20~45厘米	姜黄，芭蕉目，姜科、姜黄属多年生草本植物，可提取黄色食用染料；喜温暖湿润气候，阳光充足，雨量充沛的环境，怕严寒霜冻，怕干旱积水	它和郁金的根茎均为中药材“姜黄”的商品来源。姜黄拣去杂质，用水浸泡，捞起，润透后切片，晾干。供药用，能行气破瘀，通经止痛。主治胸腹胀痛、肩臂痹痛、月经不调、闭经、跌打损伤	可提取姜黄色素染黄色，用于丝绸、皮革、棉以及羊毛织物等。因为它的水溶性较差，一般采用媒染法及载体染色法提高其对织物的染色性
5	小檗		落叶灌木，高2~3.5米。幼枝灰黄色，老枝灰色，刺紫红色。花淡黄色，浆果椭圆形，红色	生长于山地林缘，溪边或灌丛中。春秋季采挖	可以清热燥湿，泻火解毒，抗菌消炎	唐陈藏器的《本草拾遗》描述更为详细：“小檗如石榴，皮黄子赤如枸杞子，两头尖小，锉枝以染黄。”小檗茎皮去外皮后，可作为黄色染料，可染黄色。有无媒染均可上色
6	柘树		落叶灌木或小乔木，高可达8米。小枝黑绿褐色，单叶互生，近革质，花单性，雌雄异株，皆成头状花序，聚花果近似球形	桑科植物，花期6月，果期9~10月。喜生在阳光充足的荒山、坡地、丘陵及溪旁	对肺结核、烫伤疼痛、跌打损伤都有疗效，民间用来治疗癌症	《本草纲目》记载：“其木染黄赤色，谓之柘黄，天子所服。”在中国古代很长一段时间都是皇帝服装的专用色

续表

序号	名称	外观	形态	习性	药性	染色
7	黄连		多年生草本。高40~80厘米，叶对生，披针形至狭卵形。花期夏季。地下茎呈灰黄色，横断面呈鲜黄色，并有空洞，此地下茎便是染色部分	生于山野湿地或林缘。分布东北、华北及山东、江苏、浙江、湖北、四川、云南等地	黄连主要成分是黄连素（小檗碱），可清热燥湿，清火解毒，可去中焦湿热，心经实热等。可用于治疗湿热痞满、呕吐吞酸、泻痢、黄疸、高热神昏、心火亢盛、心烦不寐等	黄连中所含的小檗碱是具有阳离子化学结构的唯一盐基性植物染料，为黄色针状结晶，溶于热水和醇，能直接与丝、毛和阴离子改性棉染黄色
8	桑叶		桑叶又名家桑《日华子诸家本草》、荆桑（王祯《农书》）。落叶乔木，高3~7米或更高，通常灌木状，树皮黄褐色，枝灰白色或灰黄色，叶互生。花单性，雌雄异株，花黄绿色，与叶同时开放。聚合果腋生，肉质，深紫色或黑色	花期4~5月，果期6~7月。喜光，幼时稍耐阴。喜温暖湿润气候，耐寒，耐干旱，耐水湿能力极强。对土壤的适应性强，耐瘠薄和轻碱性，喜土层深厚、湿润、肥沃土壤。根系发达，抗风力强。萌芽力强，耐修剪。有较强的抗烟尘能力	桑叶有清肺润燥、清肝明目的功效，具有治疗风热感冒、目赤昏花的作用	因含有黄碱酚类的桑色素，其根茎叶皆可染色，染出来的是淡淡的黄褐色

三、蓝色系

岭南地区的蓝色植物染料种类以马蓝、木蓝为主，种植量大范围广，具体形态、习性、药性、染色性能见表2-3。

表2-3　岭南蓝色系植物染料的原料植物

序号	名称	外观	形态	习性	药性	染色
1	马蓝		《尔雅》："葴，马蓝。"郭璞云："今大叶冬蓝也。"也称板蓝、山蓝、青蓝、大蓝。多年生草本，灌木状。茎直立，高达1米许。叶对生，叶片大者如手掌，秋季花期，花呈吊钟形浅紫色	爵床科多年生草本植物。生于山地、林缘较潮湿的地方。一般认为原产于印度北方盛产红茶的阿萨姆地区。中国分布于亚热带的华南和西南等地区，自浙江南部至福建、广东、广西、江西、贵州、云南等地。每年5月、10月两次采收茎叶制作染材	马蓝的叶子可作为大青叶入药，其根可入药，称为板蓝根（南板蓝根）	马蓝的可染色成分存在于茎、叶之中，可用发酵法制作靛甙，然后氧化为靛蓝

续表

序号	名称	外观	形态	习性	药性	染色
2	木蓝		又称槐蓝（《本草拾遗》），大蓝、大蓝青（《生草药性备要》），水蓝（《岭南采药录》），小青、印度蓝（《中国树木分类学》），青仔草、野青靛（《福建中草药》）。《天工开物》记载的小叶的苋蓝属于木蓝种类，亦即槐蓝。直立灌木，单数羽状复叶，互生。花呈浅红色，成熟叶干燥时呈灰蓝色微带红紫	往昔印度以生产木蓝靛染料闻名世界，被称作印度蓝。木蓝属于向阳性多年生植物，耐旱耐湿，日照充足易繁殖，多栽植于平地或开阔河川。种类繁多分布地极广	清热解毒，去瘀止血。治乙型脑炎，腮腺炎，目赤，疮肿，吐血	木蓝种类较多，是全世界范围内广泛用作染蓝的植物，也是优良的靛蓝植物之一。《扬州画舫录》记载槐蓝可以“染青”

由以上三个红、黄、蓝色系植物染料原料植物表可知，有些植物的染色效果非常明显和单纯，如蓝色系的木蓝、马蓝等植物；有些植物染料染色色相并不唯一，与具体的染料部位（如杨梅果、杨梅树皮）、酸碱度（如虎杖酸性介质中为黄色，碱性介质中为红色）等要素有关，所以可以利用这些特性，在具体的染色工艺和作品中进行实验设计。

第二节

岭南植物染料的色彩特征

我国是最早使用天然染料的国家，利用植物染色是我国古代染色工艺的主流。古代岭南地区，离中原较远，属于荒蛮之地，加上崇山峻岭，相对不受外界纷扰，得以比较完整地保留了传统作物的生产体系，也积累了一些植物染原料种类和植物染技艺，并形成了较为成熟的应用技术和色彩体系。

岭南植物染料色系也承袭了中原地区的色彩文化体系——五色体系，即青色、赤色（即红色）、黄色、白色与黑色。

青色，生物生长之色，主要是用从蓝草中提取的靛蓝染成的。能制靛的蓝草有好多种（宋应星《天工开物》：“凡蓝五种，皆可为靛”），古代最初用的是菘蓝，后来逐渐发现了蓼蓝、马蓝、木蓝等诸种可以制靛之蓝。岭南地区以马蓝、木蓝居多。

赤色，中国古代将原色的红称为赤色。中国古代染赤色最初是用赤铁矿粉末，后来有用朱砂（硫化汞），用它们染色，牢度较差。周代开始使用茜草，它的根含有茜素，以明矾为媒染剂可染出红色。后期还有苏木、红花、薯莨等染色。

黄色，太阳之色，日光之色。早期主要用栀子。栀子的果实中含有“藏花酸”的黄色素，是一种直接染料，染成的黄色微泛红光。南北朝以后，黄色染料又增加了地黄、槐树花、黄檗、姜黄、柘黄等。用柘黄染出的织物在月光下呈泛红光的赭黄色，在烛光下呈赭红色，其色彩很炫人眼目，所以自隋代以来便成为皇帝的服色。宋代以后皇帝专用的黄袍，即由此演变而来。

白色，太阳之明，日未出，初现微。白色也是五色中重要之色，在物理学意义上，白色是所有可见光的综合，这与中国古代的太极图上的白色代表阳不谋而合。在色彩学上，白色属于无彩色，最浅、最轻。很神奇的是棉、麻、丝、毛等纺织物在原生态的纤维状态——棉花、亚麻、蚕丝、羊毛基本都是接近白色。

黑色，昏暗之色。古代染黑色的植物主要用五倍子、柿叶、冬青叶、栗壳、莲子壳、鼠尾叶、乌柏叶等。中国自周朝开始采用，直至近代，才被硫化黑等染料所代替。掌握了染原色的方法后，再经过套染就可以得到不同的间色。

五原色的发现和色彩混合规律的掌握，大大丰富了色彩的色谱和艺术表现力。“五色”是色彩本源之色，是一切色彩的基本元素。五色体系的建立，对于推动古代色彩科学技术的发展和色彩艺术的繁荣起到了重要作用。

在岭南地区，由于独特的地理和气候环境，大自然不断给予着馈赠。春播夏长秋收冬藏，各种自然作物也应和着季节的审美。水果、植物一年四季不断，绿树成荫，郁郁葱葱。夏天的颜色是热烈的，春天清新，秋天荼蘼，不同地域的植物又各有特点，五色及间色染料均有产出，且可以染出色彩丰富的织物。

下文将从岭南几个重要植物染地区分析岭南植物染料的色彩特征。

一、广东客家墩头蓝染料的色彩特征

广东省河源市和平县彭寨镇墩头村在明、清时期及新中国成立前后一段时期，应用自产的优质棉、麻，采用纺、织、染、踹等技艺，生产出一种独具特色的蓝色家织布料，因产地而得名墩头蓝。墩头蓝是墩头村特有的客家文化产物，墩头村村民利用本地种植的大青叶（当地称大青蓝），也就是“马蓝”作为原材料，并采用独特的加工工序将其制作成蓝靛染料，然后再织染制作出的布料。墩头蓝的染料来自山野中摘下的果叶，再用特定的工序制作出来，后有墩头郎将这种植物引至菜园种植，为墩头染制墩头蓝时所用。

现存墩头蓝布料（此处的墩头蓝为当地的特色面料，不单是蓝色）以蓝色为主色调，还有少量留存红、乌、灰、白四种颜色，颜色较为朴素，织物摸上去柔软舒适、细密平整、结实有弹性。

墩头蓝（蓝色面料）：色彩上主要分乌青、普蓝、灰蓝等，染料来源于一种客家山区常见植物大青蓝，用于制作靛蓝，并以水分及染色次数的多少而呈现出深浅不一的蓝色及蓝灰色系。在制作墩头蓝时，工匠通过对染色时间的精准把握，制作出明度渐变形式的布匹，对防染工艺进行了改良。在防染工艺方面选择由蜂蜡和石蜡按特定比例混合的混合蜡进行防染处理，特制的混合蜡渗透性好，通过模板制作出特定图案，把传统的墩头蓝染色工艺与蜡染工艺结合。墩头蓝作品将染色与独有织造工艺结合，形成特殊的蓝中泛白的颜色。浅蓝色布块，质感有点硬，触摸感觉像牛仔布和亚麻的混合织物，形成了此种蓝染的独特风格（图2-1）。

墩头红：主要有红褐色、深红、土红、粉红等色彩。红色系列由植物染料与矿物染料制成，其中有一种名为“品红”的颜色是当地人采集自己种植的植物染色而成。另一种红色为矿物染料，是墩头村河床可以捡到的石头，研磨加水调制而成，当地人称“红土”，也叫“高广红”，如同故宫城墙的红色。二者可以混合成不同程度的红色。深红植物中如山中野生薯莨，将其弄碎后煮制而成染料，由此形成了丰富的色彩变化（图2-2）。

墩头黄：黄色的染料是一种名为“栀子果”的植物，原本也有深浅不一的色彩变化，因时代的发展与变迁，墩头黄已经在墩头村消失不见。

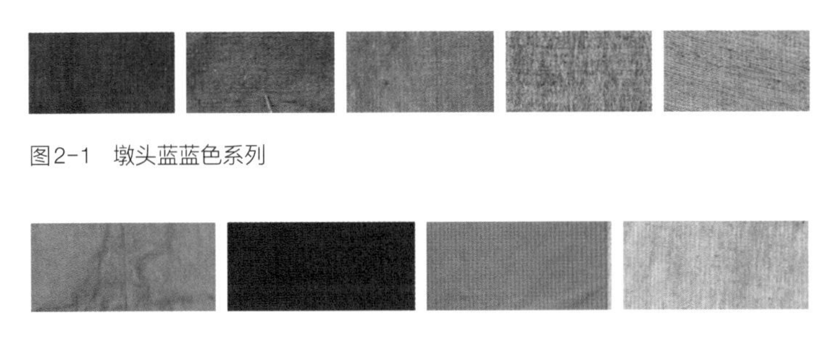

图2-1　墩头蓝蓝色系列

图2-2　墩头蓝红色系列

二、广东顺德薯莨染料的色彩特征

北宋时期，人们开始取薯莨果的块茎榨汁提取红褐色作为染料浸染丝织品。薯莨主要用薯莨块茎（薯莨果）染色，薯莨皮削掉后，如果看到红褐色薯莨果肉新鲜多汁，便是很好的染色原料；如果薯莨果肉呈黄色且干，则提取的薯莨染液颜色也偏淡，染色效果差（图2-3）。

使用薯莨染色的丝织品根据织造工艺的不同，被称为莨绸或莨纱。薯莨染织物最著名的就是莨绸，莨绸的原产地是广东顺德，因为特殊的地理环境条件和气候，这里也是世界上唯一一个可以生产真正莨绸的地方。

图2-3　不同颜色的薯莨果

因为薯莨的特殊胶质，使莨绸的外观和肌理产生特殊的光泽和质感——较为古朴的色彩和滑爽略带涩的触感，这些都是一般的丝绸所没有的。随着明清时期广东丝绸织造技术的高速发展，莨绸的制作工艺也越发成熟。刚染出的色彩柔和雅致，随着穿着时间越长久，莨绸的颜色越发自然生动，加以薯莨果本身的药用价值，对人体有保健作用，从古至今，备受岭南文人雅士的喜爱。

使用薯莨染色时，人们利用野生植物薯莨茎块的汁液均匀涂布于织物表面，并反复多次浸染、晒干、水洗。天然的手工加工工艺，使每一匹布甚至每一段布的色彩不完全一致，自然的纹理，非人工处理的痕迹，保持了莨绸独有的生命感。根据薯莨染料的特性和其他工艺的结合可出现深浅变化，顺德的薯莨染液与当地特有的河泥结合，薯莨中的单宁与河泥中的铁离子发生反应，红褐色会变成近似黑色，这些工艺都是手工完成，并且对温度、湿度、光照要求较高，所以莨绸的颜色有黑色、红褐色、褐色等。

三、广西壮族、瑶族蓝染染料的色彩特征

岭南地区的广西壮族自治区生活着很多少数民族，这些少数民族都拥有一些代表本民族文化的技艺，植物染就是其中一种。如壮族、瑶族，其妇女常用的染料都是靛蓝染料，主要来源于马蓝和木蓝。

黑衣壮族妇女擅长纺织和刺绣，所织的壮布和壮锦，均以图案精美和色彩艳丽著称，风格别致的蜡染也为人们所称道（图2-4）。由于气候的原因，壮族服饰以蓝色、黑色衣裙、衣裤式短装为主。壮族服饰的颜色，古代、近代多以当地蓝靛作为染料。

瑶族支系众多，各支系服饰也不尽相同。桂西蓝靛瑶族妇女精于蓝靛印染，至今仍保留着一套完整的印染技术。蓝靛瑶族种植板蓝（马蓝）制作蓝靛，新鲜的板蓝经过浸泡加工后，提取蓝靛，加入石灰用力搅动，发酵后，将废水排出，留取靛蓝膏。染色时加冷水和白酒稀

释后便可染布。在染布过程中经过数次浸染、晾干，直到布料呈现深蓝带暗红色为止。为了使布耐用，颜色牢固，有时会把染好的布与动物血一起蒸煮。

图2-4　黑衣壮族妇女

四、海南黎族植物染料的色彩特征

岭南的海南省属于热带季风气候地区，气候常年夏热冬暖，土地肥沃，充分的日照和雨水是岛上植物种类丰富的原因。海南岛的黎族先民利用得天独厚的自然资源，通过多彩的植物进行染色，染出各种颜色的纱线，并利用这些“五彩线条”创造了黎锦艺术。黎锦色彩艳丽、织纹精致，是最能表现黎族植物染料多样性的代表性织物（图2-5）。

图2-5　海南黎族织锦

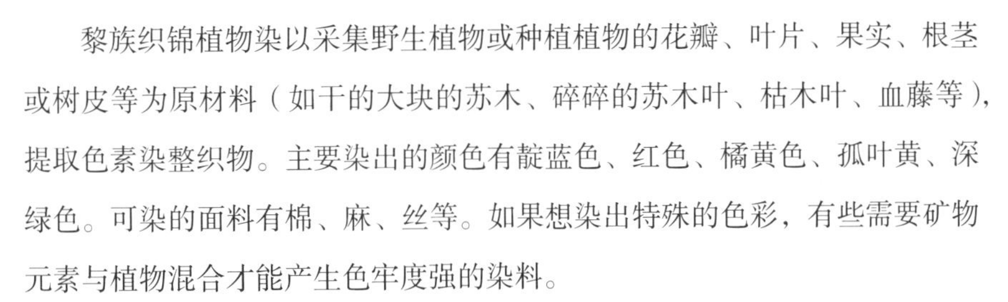

黎族织锦植物染以采集野生植物或种植植物的花瓣、叶片、果实、根茎或树皮等为原材料（如干的大块的苏木、碎碎的苏木叶、枯木叶、血藤等），提取色素染整织物。主要染出的颜色有靛蓝色、红色、橘黄色、孤叶黄、深绿色。可染的面料有棉、麻、丝等。如果想染出特殊的色彩，有些需要矿物元素与植物混合才能产生色牢度强的染料。

海南常见的各种植物染料有以下几种：

蓝色是黎族染色中普遍使用的色彩，蓝色的染料主要是上述讲到的蓝草。在海南岛染蓝色的植物统称为蓝色草，约有3种以上，如毛蓝靛、假靛蓝和木蓝。

黑色是黎族服饰中的主要色彩，以乌墨树的树皮、芒果核和黑泥为主要原料，所染出的黑色十分厚重沉稳，凝结了千百年来黎族人民的聪明才智。

在黎锦色彩中，除了蓝色和黑色，红色占有较大的比重，也最受黎族人的喜爱。常见以野生板栗树的树皮和果壳、茜草的树皮和根作为染色原材料。厚皮树的树皮也可以染出土红色或棕红色。

黄色是用黎族人普遍种植的姜黄作为染料。姜黄也称为黄姜，根茎除了可以作为染料也可食用，色彩明亮鲜艳，不易褪色。

绿色主要以含绿色素的草叶、绿色的树叶和谷木的叶片为染料。谷木又称为角木，在海南比较常见。

褐色与橘黄色是用苏木的根和树心部分作为染料。苏木含有苏木素，与不同媒染剂结合可以形成不同颜色的染料。

第三章 岭南植物染现状与田野调研

植物染是一种古老的织物染色手工艺，并在人类发展过程中不断发展与创新，这些由大自然中的天然植物染出来的物品，质朴、纯粹、健康、活性。但随着社会的发展，化学染料逐渐代替植物染，传统的染色技术也慢慢消失。我们通过实地调研，结合资料搜集，学习和研究岭南植物染文化和工艺。

本章将详述几个有代表性的植物染技艺的田野调研实录。

第一节

墩头蓝染

“墩头蓝”是东江流域具有影响力的传统布艺之一。当地相传：嫁郎爱嫁墩头郎，又会织布开染坊……时光很慢，一辈子只做好一件事，一生只爱一个人。可以对一件事专注，从来都是具有吸引力的。

从远处走近织布坊，渐渐听到一首女声唱响的客家山歌。织布坊几位老人正对唱山歌，大概是旧时长时间重复单一手工劳动者，为了解闷独自创作了山歌，用简短精练的词唱出当时人们生活的美好景象。岁月无情地在墩头村老人皮肤留下深浅的痕迹，但时间却没有冲淡他们对纺织的专注和热爱。老人身上的衣服和头饰，都是自己所织的布裁缝而成，墩头蓝布做的布衫直领斜襟，有浓浓的复古感（图3-1）。

图3-1　项目组成员与当地村民合影

墩头蓝客家服饰是河源地区广大客家百姓所创造的一种与自身生存环境有着密切联系的民间文化形式，具有较强的工艺特色和文化内涵。

一、墩头蓝产地地理特征及发展现状

（一）墩头蓝发展历程

墩头蓝因产于墩头村而得名，墩头村曾氏先祖，曾松自明初从大湖迁入彭寨镇定居，至明朝中期其长孙孟荣公落基华表墩头村后，继承耕读传家的祖训，兴建书院，发展皮革、松香、油伞、香烛、布料等手工业，特别是松香、绩麻、纺棉织布、染布在当地享有盛名。至明末清初孟荣公裔孙曾官大，膺选明代崇祯元年恩贡，嗣入国子监肄业后，任职吏部文选司历事，目睹并学习了中原地区先进的织染技术。后官至江南通判，熟悉了江苏、浙江织染的先进技术。告归后广授子侄，改良生产，

革新本地传统布艺制作工艺和生产流程，大大提高了家织布料的质量和产量。墩头村明清传统布艺于嘉庆十年开始在梅园书屋（图3-2）施教、普及技艺直至清宣统、民国年间。新民主主义革命时期和民国时期，墩头村从广东梅县、兴宁引进高脚织布机和洋纱及现代织布染料（图3-3），进一步提高了“墩头蓝”的生产效率。受近现代织染原料的影响，墩头蓝的原始生态性受到了冲击，尤其天然染料开始被化学染料所取代。1933～1936年，“墩头蓝”被和平县政府指定为本县产业示范点的展示项目，对传统布艺织染进行示范、指导、传授。

图3-2　墩头村梅园书屋旧址

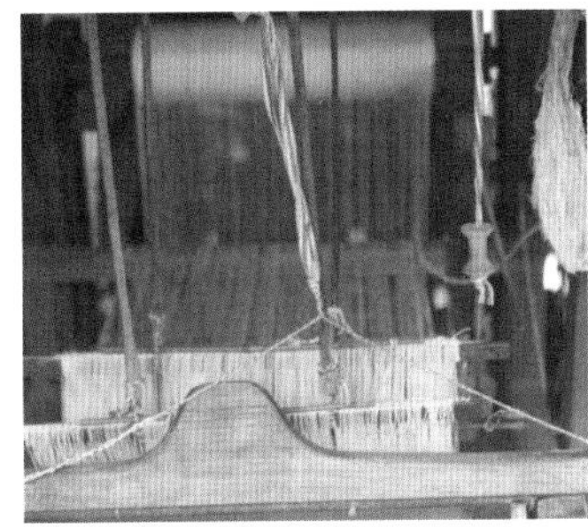

图3-3　旧时墩头村遗留下来的织布机

（二）墩头蓝产地的地理特征

墩头村距和平县城25公里，属丘陵地貌，两边是低矮的小山，中间有宽阔的田地，彭寨河自北向南在盆地中央流经，灌溉着200多亩肥沃的田地。千百年来，因为墩头村气候温暖、光照充足、雨水充沛，是适宜生存及从事农业生产的地方（图3-4），一代又一代的墩头人在这里生活繁衍，创造了丰富多彩的客家文化。

墩头村山多地少、交通闭塞，属于中亚热带季风气候，适宜种植棉花，因此自给自足的传统纺织手工业历来兴盛。明清时期，外国先进的纺织机器还没传入，土布织造业仍是当地的重要谋生行业，墩头村家家户户种植棉花，纺纱织布。织染工艺也因此得到快速发展，出产的布料质量优良，品种多样，产生了如墩头蓝、墩头红、墩头乌等颇有地方特色的植物染织布料。其中，墩头蓝染织布料具有整洁柔软、厚密有度、简洁大方、耐磨实用等特点，并且以自然清新、简约和谐的蓝色而闻名，墩头蓝也成为墩头村这种染织工艺布料的统称。

图3-4 墩头村景观

（三）墩头蓝发展现状

明清传统纺织技艺——墩头蓝于2015年8月入选第六批广东省非物质文化遗产名录，其保留了明清时期的客家传统布艺制作，以手工纺、手工织、手工染的传统方法，制作生产人们日常生活用品，该技艺正在申请国家级非物质文化遗产。村内传承了墩头蓝客家服饰文化，并保留了大量古代的传统纺织器具及实物。

随着历史变迁与时代进步，在科技发展与经济振兴的今天，墩头蓝已经退出了纺织工业与手工作坊的舞台，只剩下一些从事墩头蓝制作的老师傅偶尔会制作一些纺织手工艺品，祖祖辈辈留下的手工作坊，成了历史文物，墩头蓝织布工艺正处于消亡边缘。

墩头蓝服饰手工技艺多样，最具有地域特色的是织染技艺，各种面料的色彩、肌理和装饰形式非常有艺术特色。目前，墩头村已建立了明清客家传统布艺展览馆，开始收集和整理墩头蓝织染技艺与服饰，但是投入的人力及物力较少，保护力度不够，规模及影响力较小，再加上传统的手工艺缺乏传承人，有些手工技艺和服饰艺术形式已面临失传，亟待挖掘整理和保护。

二、墩头蓝染色制作工艺

墩头蓝以素色为主，以经纬交叉、纵横交错编织出简洁而独具地方特色的家织布（图3-5），在纺纱、染色、织造过程中，创造出独具地方风格的面料，常用于衫、裤、袜、头巾、帽子、围裙、背带、袖套、鞋等各类服装服饰品，蚊帐、被套、床单等家用纺织品，储物袋、豆腐袋、种子袋等日常生活劳作类用品，

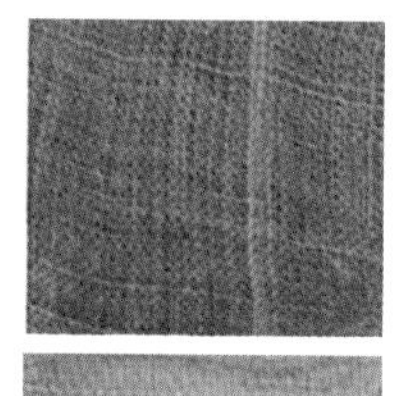

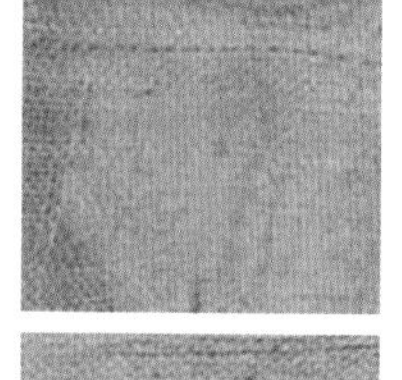

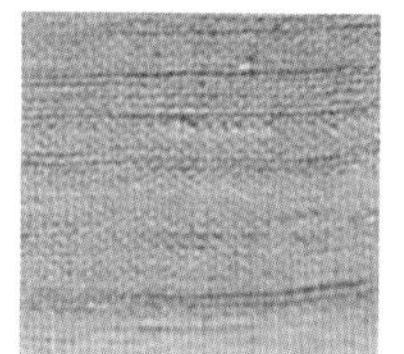

图3-5 墩头蓝织布

以及字画装裱、书籍装帧等相关布艺，用途十分广泛。

（一）工艺特点

墩头蓝的染色可以在纱线、织物及成衣等不同阶段进行。曾经，墩头蓝在使用后往往会出现掉色和布纹理变稀疏，原因就是布织得不够紧密。改进后，织布紧密，有质感，色彩比较亮丽厚实。墩头蓝织染表现形式大致有三种：

1.先织后染

先织布再染色，即在土织坯布完成后进行染色的方法，类似于现代织染中的匹染。墩头蓝手感质朴，坯布在织造完成后，会被染成蓝、红、乌等不同的色彩系列（图3-6）。

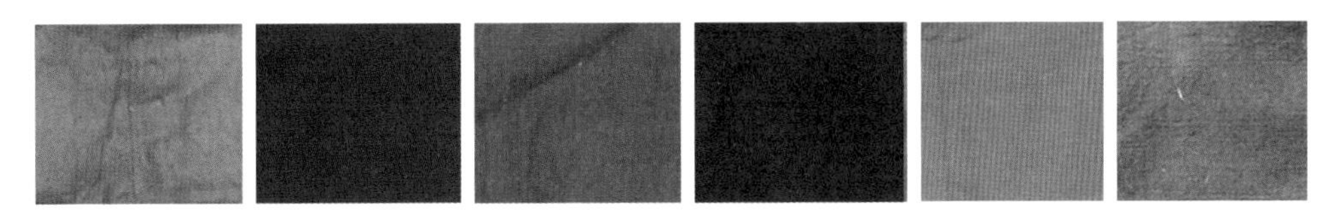

图3-6　墩头蓝织布先织后染

2.先染后织

采用先染纱线再织布的方法，即织造前先对纱线进行染色，将经线纬线染好颜色，再织成布料（图3-7）。墩头蓝纱线染色的方法有：

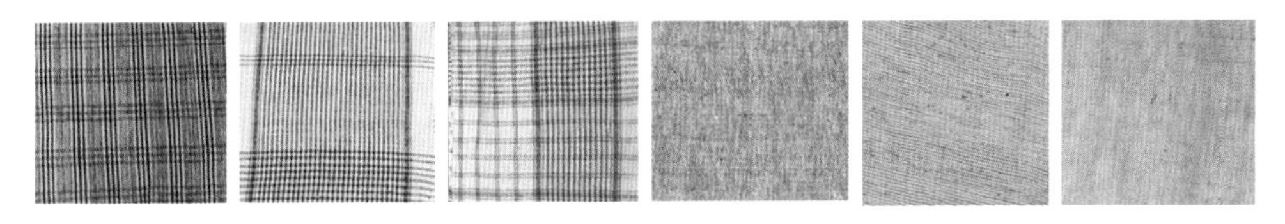

图3-7　墩头蓝织布先染后织

（1）直接将松散的纱线整理成扎，浸泡在特制的染缸染中，这是一种成本较高的染色方法，染出的纱线柔软程度和蓬松效果较好。

（2）织造前先整经，将整个经轴的纱线染色，染色后将经轴上的纱线落筒，就能很好地实现靛蓝的还原染色效果。

3.成衣染色

即将成衣装入染缸，在染缸内持续搅拌染色。墩头蓝成衣染色多用于成衣的翻新，经过穿着和多次洗涤掉色后的成衣，可以进行再次染色或多次染色，令服装再次焕然一新（图3-8），旧时的墩头村常有街头小贩挑担叫卖，专门帮人进行旧衣翻新和染色的生意。

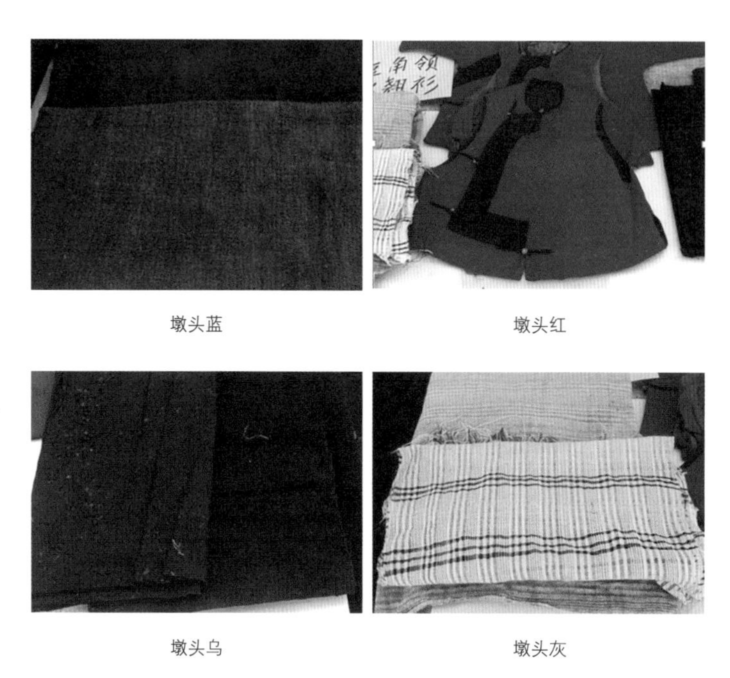

墩头蓝　　墩头红

墩头乌　　墩头灰

图3-8　墩头蓝成衣染色

（二）染色材料与工具

墩头蓝染色需要各种各样的材料与工具，大体上分为：蓝草提取的靛蓝染液；用于配制、存储染液和面料的浸渍和染色的染缸等容器；木扒、木棒、铁夹（火钳）、元宝石等拍打、搅拌及后整处理工具；其他材料，如稻草灰、娘酒、酒糟等。

（三）墩头蓝服饰染色的工艺流程

在墩头村，当地妇女有一边干活一边唱山歌的习俗，一首世代传唱的客家山歌，折射出墩头蓝织染技艺的繁盛景象：

墩头阿哥染水好，打扮阿妹好排场。

嫁郎爱嫁墩头夫，打扮阿妹盆（满）身乌。

争（正）月十五探媒（娘）家，六角蓝来洋布喳（伞）。

豆角领来出跳（翘）衫，墩头蓝来着裤带。

勾子鞋来踏惊脚，带携阿妹好安落。

墩头村的织染作坊基本都是家庭手工作坊，自明朝至新中国成立后，织染作坊的传统都是传男不传女，男耕男织。蓝染技艺是墩头村最具有代表性的服饰手工技艺，制作一件蓝染要花上很长的时间，才能出现独特的蓝色风情。

在提取靛青染液时要用到制靛和靛青还原染色工艺，反复多次染色，晾干，干后再染，多次重复，逐步加深色彩，由染的次数递增而逐渐加深，直至呈蓝色或蓝黑色。

墩头蓝染过程大致分为染料起缸、布匹脱浆、准备染液、靛蓝染色、染布固色等五个部分，具体流程和步骤如图3-9、图3-10所示：

事先准备好需要染布的工具，主要有染缸、搅拌工具、手套。

第一步：染料起缸。起缸是“蓝草”种植、收割、染料发酵后的一道染料制作工序，因为“墩头蓝”成品衣料的鲜艳和耐新，染料发酵起缸是重要的一环。墩头蓝起缸工序采用自然发酵，通常以家庭为单位进行。先将蓝靛溶解，加入稻草灰水，然后采用客家特有的娘酒或者酒糟充分搅拌，密封数天后自然发酵。娘酒是客家一种自制的糯米酒，酒糟则是客家人常常用于做菜烹饪时的原料，二者都含有自然的糖分，在起缸的过程中可以作为还原剂使用，同时为发酵提供环境和养分。起缸过程中稻草灰是常用的，可以发挥碱性剂的作用，在其作用下，使靛蓝溶解的靛青素发生转化，具备良好的染着性质。这一过程需要细心严谨，在温度适宜的条件下，需每天定时加入娘酒才能保证染液良好的着色效果。因此，相传在打纱筒、纺棉、蓝草种植、收割、染料发酵起缸等工序中，染料发酵起缸一定要墩头媳妇起缸，才是好染料。墩头郎起缸的染料都有问题，不能用于染布，这在墩头村织染作坊是一个奇俗异事，至今还是遵循着这个传统的习俗。

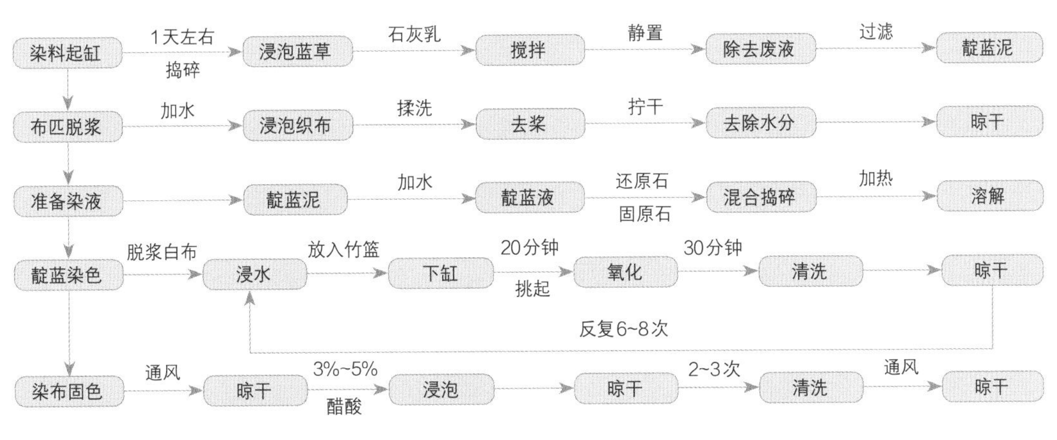

图3-9　墩头蓝染色工艺流程图

图3-10　墩头村染布的场景步骤图（曾春雷　拍摄）

第二步：布匹脱浆。脱浆主要通过清洗方式进行，即洗浆。将家织布匹放入大缸中，用清水泡一段时间后，用双手揉洗，将布匹上面的浆水洗干净，最后需要两人合作，将洗干净的布匹拧干水分，晾干。

第三步：准备染液。墩头蓝染的原料是当地产的蓝草（大青蓝）经发酵提炼而成，从茎叶中提取靛蓝素，将其制成蓝靛保存使用。染料发酵时，首先需将蓝草生叶浸泡在水中，浸泡的时间依季节与温度的变化而有所不同，需视蓝叶的腐烂与蓝靛素溶出程度而定，等蓝叶中的蓝靛素溶出后，将腐叶捞出，再加入适量的石灰，并快速搅拌。搅拌的时间则视泡沫高耸情形而定，当泡沫下降减少而且呈现细小状时，即可停止，并让蓝液静置，待蓝靛沉淀后，便可将上层的咖啡色废液排出，或用坯布袋过滤，即可取得蓝靛。

第四步：靛蓝染色。晾干的布匹，一匹一匹地染色。将一匹浸泡过的布放在竹篮里，挂在染缸口60～70厘米处，下缸20分钟后挑起，放在空气中氧化30分钟左右。反复6～8次，每次观察色泽是否达到想要的颜色效果。

第五步：染布固色。起布，将染好的布匹从染缸中捞起，等待水滴干后，在高处较干的地方晾干，一定要保持通风。晾干后，放入3%～5%的醋酸里浸泡，去掉布料上残留的石灰粉，并进行固色，之后又放在通风处晾干。然后将染布用清水清洗2～3次，之后挂在7～8米高的晒衣架上晾干。这样色泽鲜艳的墩头蓝布匹就成功完成了染色。

墩头村服饰染色均采用天然染料，蓝色较为多见，也有红色及黄色等色调。红色在喜庆场合和儿童服饰中比较多见，黄色已慢慢消失不见。服饰中结合挑花、刺绣、贴布、打褶等工艺，添加红、黄、白等明亮辅助颜色，使质感和工艺效果更加突出，在对比中表现出人与自然和谐的美感。

三、墩头蓝服饰色彩特征与地域文化

墩头蓝作为粤东极具地域影响力的传统布艺之一，通过传统的棉麻纺织和蓝红黄天然染色技艺，呈现丰富的服饰视觉效果，独具民间特色。织物均保留了明清时期传统制作方法，工艺精美绝伦，几百年来仍以口传心授为传习体系。

（一）墩头蓝服饰的色彩特征

中原汉服尚黄、红等色调，等级分明；粤东当地少数民族以畲族为主，崇尚蓝、红、黑等色调，这也是墩头服饰常见的主打色。南迁入居住地后，墩头客家的服饰色彩也随着当地居民喜爱的黑、灰、蓝等素色发生转变，表达了客家先民和谐相处、团结友爱的民族融合精神。

墩头村织染工艺精湛，出产的布料质量优良，品种多样。以色相分为墩头蓝、墩头乌、墩头红，颇具地方特色。最常见的“墩头蓝”以自然和谐的蓝色为美，体现了当地客家人的朴素、节俭、不喜浮夸的民族特性。墩头乌指乌青，近似黑色的一种深蓝色调。墩头红是墩头女装中鲜亮的颜色，相比粤东其他地区的服装色彩，墩头红是墩头服饰中保留得较好的色彩。

客观上，墩头客家喜着蓝色服饰与地理位置、染料资源有着密不可分的关系。一方面，客家先民南迁至此，为避免与当地人发生冲突，大多定居于偏远山林中。生活条件艰苦，不容许穿着鲜亮的颜色。另一方面，南方山林出产一种“蓝草”植物，随处可见，客家先民利用自然资源制成天然染料，染出深浅层次不同的蓝色布料，后逐渐形成客家墩头蓝。主观上，客家先民在山林长期居住，受大自然的熏陶，形成一种崇尚自然的精神世界追求。蓝色服饰更加贴近生活，与山林树木草地相融合，劳作的时候，蓝色具有耐脏、耐磨的功能性。久而久之，世代相传，其成为了客家人的蓝色情结。

墩头蓝的服饰配色中常常是用近似黑色的乌青配以红、绿等视觉冲击力强的颜色，也反映出受粤绣审美的影响。

（二）墩头蓝色彩的地域文化

墩头蓝技艺以种种形式来表达其民族生存的意愿，主导其文化精神的是千百年来客家文化中所蕴含的重要特质——对华夏文化和儒道文化的崇尚以及南迁过程中形成的移民文化。

1. 民族与历史记忆的符号形制

服饰作为一种外显的符号形制，蕴含了丰富的民俗文化，不但象征着民族的精神信仰，而且装载了客家的历史记忆。历史上，客家人为逃避战乱与自然灾害，不断经历着大迁徙，客家迁徙的路径多在偏僻的大山地区，与当地土著为了土地、水等资源不断发生摩擦和战争。

墩头蓝服饰中的乌青，表现了迁徙中生活的艰辛、压抑和对土地、水资源的渴望。墩头服饰的红、黑、黄等色彩的古拙凝滞以及蓝色系列的染色更是体现了经过长期的颠沛流离的迁徙生活，客家对安定、宁静生活的渴望。也体现了“见素抱朴”的道家思想，追求自然而朴实的审美，不做过多的人为修饰，用最直接、简洁的手法表现出服饰平和、质朴的风格。

2. 人类与自然和谐的共生情感

墩头蓝服饰色彩上蓝色最多，以天然材料染色，色调柔和、稳重。蓝色与生活在山区的客家人接触到的自然接近：山峰的蓝，河水的蓝，天空的蓝色，合乎“天人合一”人与自然和谐的儒家思想，强调染色材料自然属性的人性化，通过服饰来表达对美好道德的向往与称颂，并达到人与社会整体的和谐美。在艰难困苦的生态环境和落后的社会历史环境下，客家人敬畏哺育人类的大自然，来自大自然馈赠的染色材料、纯棉家织布料均体现了这一特征。

墩头村的地域特征形成了墩头蓝织染技艺与服饰文化独有的艺术特征，其色彩不仅体现了民族性，还充分表达了墩头客家人对自然的深厚感情。墩头村地处内陆山区，服饰在对物料的选择上带有一定的随机和偶然性，制作服饰所需的原材料、染料以及工具等均为就地取材，无论从选材，还是在织造乃至染色等过程中，都与自然环境息息相关。人与自然的和谐关系，造就了墩头蓝服饰色彩、制作工艺和染织技艺的发展。

在艰难困苦的生态环境和落后的社会历史环境下，客家人敬畏哺育人类的大自然，蓝色作为墩头蓝服饰的主色，在染色原料的取材，工艺的设计以及实施过程上均体现了这一特征。这不但显示了墩头客家人对自然的依赖，同时是在不断迁徙的历史中大自然给予其最好的印证，也是人与自然之间和谐共生的生态情感的表现。

3. 舒缓而宁静的色彩功能

在现代产品设计中，色彩、材质等是必不可少的要素。墩头蓝布艺触感温暖舒适，色彩古朴装饰感强，营造出舒缓、宁静的视觉感受。墩头蓝染运用到现代设计中，天然的染材散发出自然的植物气息，结合手工织物的肌理，更渲染了沉稳、古朴的氛围。

墩头蓝服饰以乌青、深蓝色等蓝色系为主调，色泽沉着稳重，这种天然染色效果结合布料结实耐磨的性能，可以与现代产品设计结合，如从色彩、纹样、肌理、工艺等方面进行变化，扩大墩头蓝的适用面，提高现代产品的文化附加值，更好地发挥墩头蓝的色彩功能。

第二节

香云纱染色

位于广东省佛山市的顺德区有着悠久的香云纱染整及使用历史，素有“南国丝都”之美誉，这里完整保存了香云纱的染整技艺。香云纱学名莨纱，产生之初仅指用绞纱提花工艺织出的坯纱，经过晒莨而成的丝绸面料，后渐渐扩展为莨纱绸的统称，因摩擦会发出“沙沙”的丝鸣声而得名“响云纱”，后人取其美名“香云纱”。1984年《中国大百科全书·纺织卷》将香云纱定义为“莨纱”，将莨纱的定义为“表面乌黑光滑、类似涂漆且有透孔小花的丝织物，又称香云纱”；2008年《香云纱染整技艺申报国家第二批非物质文化遗产名录材料》的行文中认为原料为蚕丝平纹织物的绸和蚕丝纱罗组织织物的纱经过染整后的产品可以统称为香云纱。

一、香云纱产地地理特征及发展现状

（一）香云纱发展历程

自古纱绸就是广东著名特产，有“粤缎之质密而匀”“广纱甲天下”的说法，养蚕缫丝更有着悠久而辉煌的历史成就。纱绸用薯莨染色，形成棕、黑双面异色的效果。民间对香云纱黑色的由来说法不一，据史料《广东新语》记载：“薯莨，产北江者良，其白者不中用，用必以红。红者多胶液，渔人以染罛罾。使苎麻爽利，既利水又耐咸潮不易腐。薯莨胶液本红，见水则黑。诸鱼属火喜水，水之色黑，故与鱼性相得，染罛罾使黑，则诸鱼望之而聚云”。史料记载用薯莨染过的渔网是黑色的，其实是经原本红色的薯莨液染过的渔网，与河底淤泥中的高价铁发生了反应，所以变成了黑色。

香云纱具体产生的时间并无详细记录，据《广东省志·丝绸志》记载：

明永乐年间（1403~1424年）广东采用环保染料生产并出口特产莨绸，但是否是香云纱，仍待考证；

清道光年间（1821~1850年）佛山南海织造出质地柔软平滑、结实带硬、颜色乌润、底呈杏色，为百姓夏季喜好的衣料；

清同治年间（1862~1874年）这种衣料每匹售价白银十二两，是一种较贵重的产品；

清宣统年间（1909~1911年）佛山有晒莨户9家以及工人约200名，莨绸主要销往欧美、印度、南洋等地；

清末民初，出现了经线组织为绞纱组织的新产品，其外观具有扭眼通花图案。经过晒莨后的成品为“香云纱”。

桑蚕和缫丝业的兴旺推动了纺织业和印染业的进一步发展，民国四年（1915年），南海西樵民乐程家发明了马鞍丝织提花绞综，首创扭眼通花纱绸，经过晒莨后成为莨纱，即是香云纱。

1918～1926年为广东省丝织行业发展的全盛时期，大小丝织厂数千间。

（二）香云纱产地的地理特征

香云纱产生的地区有两个重要的地理特征，一是桑基鱼塘的生态系统，二是适宜的自然条件。

1.桑基鱼塘的生态系统

桑基鱼塘是岭南珠三角地区的一种高效人工生态系统，旨在充分利用土地而深挖鱼塘，垫高基田，池中养鱼、池埂种桑的一种生态农业生产模式。珠三角有句渔谚说“桑茂、蚕壮、鱼肥大，塘肥、基好、蚕茧多”，充分说明了桑基鱼塘循环生产过程中各环节之间的联系，不仅促进了桑树种植业、养蚕和养鱼的发展，也带动了缫丝等加工工业的进步。

桑基鱼塘自17世纪明末清初兴起，到20世纪初一直在发展，先后经历了三次发展的高潮：乾隆二十四年（1759年）清王朝闭关锁国，封闭了江苏、浙江、福建等对外港口，广州成为全国唯一的生丝对外输出港口，粤丝需求日益扩大，丝织品产量大大增加；同治五年（1866年）缫丝新式技术输入，新式缫丝工业发展迅速，桑基鱼塘面积再次扩大，推动了蚕桑业的发展；第一次世界大战以后，欧洲各国忙于战后恢复生产，生丝在国际市场十分畅销，促使了桑蚕业的发展，桑基鱼塘达到历史上最高水平。旺盛时，有“一船生丝出，一船白银归”的说法。

2.适宜的自然条件

香云纱在坯纱浸染后需摊晒，还有过河泥工艺，这些工艺过程需要有三个较重要的条件：阳光、河泥、河涌。

阳光：香云纱的主要产地在现广东省佛山市南海、顺德及广州番禺地区。这些地区属于南亚热带季风气候，主要特点是：雨热同季，春湿多阴冷，夏长无酷热，秋冬暖而晴旱。热量充足，年平均日照时数为1739.6小时，平均气温为22.2℃。全年日照时数在1500～2000小时之间，年平均相对湿度约为79%。香云纱对阳光的强度十分考究，阳光的能量将色素固定在坯纱上，反复摊晒次数多达二三十次。阳光过猛，丝织物会变脆，失去张力容易撕裂，也容易色素沉淀过后而不透气。

河泥：珠三角地区河涌交错如网，流速缓慢，河床下细润无沙的泥层逐渐沉积，形成丰富的晒莨技艺中最主要的原料之一——河泥。河泥中含有丰富的高价铁离子，可与薯莨汁液中的单宁酸发生化学反应生成单宁酸亚铁。

河涌：珠江三角洲河涌遍布，很多交通运输和贸易是通过水上运输来实现的。河涌两岸多是平坦之地，为香云纱的浣洗与晾晒提供了便利条件。河涌便于过泥后的浣洗，同时平坦处可以种植青草为晒莨提供场地。

（三）香云纱发展现状

目前对香云纱的传承仍以手工制作、活态传承的形式为主，当地政府对香云纱出台了一系列保护措施，如申报代表性传承人，政府资金支持，制定《莨绸》国家标准等。

香云纱主要作为丝绸面料用于创作服饰产品，在民国时期为上流社会所喜好，随着产量的增加和现代审美的回归，香云纱成了时尚服装与服饰配件的材料。香云纱因其物理性能优良、环保以及特有的审美风格等因素，还逐渐被应用于窗帘、床上用品、家具面料等家用纺织品上。如今也引入了“非遗+文创”的形式，以便更好地保护非物质文化遗产，挖掘香云纱的文化艺术价值，活化文化形式。这些形式拓展了香云纱文创产品的设计开发，以“非遗+文创”的设计理念，使其融入现代社会生活。

香云纱的整体色调偏暗，款式设计的变化空间较小。充分发挥香云纱的特性与功能，可以从面料、肌理、色彩等方面考虑。

在面料上，将不同面料与香云纱工艺结合，产生全新的艺术特色。在肌理方面，可以将刺绣、钉珠等要素应用于香云纱，丰富服饰的整体视觉效果。香云纱在色彩方面，一面是黑亮的，会有些晾晒时河泥板结成的纹路，另一面的原色是棕黄色。

如今香云纱面料的制作充分发挥了人们的想象力，采用先进的技术，实现数码印花、磨砂和压褶等工艺，使面料的色彩更丰富、手感更软顺、款式更多变，更符合潮流的需要。但是，其与传统香云纱拥有的天然环保本质属性是不可比拟的。

香云纱有吸湿、透气、抗菌、除臭等优点，适合南方夏天湿热的气候环境。现代香云纱制品不仅有服饰产品还有文创产品，对宣传香云纱的审美价值和文化价值起到重要作用。

二、香云纱织造及染色制作工艺

（一）工艺特点

莨纱是生织的全真丝提花绞纱织物，以前这种以纱组织类为坯的丝绸才被称为香云纱，莨纱成品因有纱孔会透气，所以在特定的环境下比莨绸凉快。其他平纹类的称为莨绸。而后随着丝绸品种的不断发展，晒莨的坯料也由真丝绸发展到棉麻类产品，其组织也由平纹类、纱类发展到绉缎类、提花类，故而现在不论什么组织结构或原料的绸缎，经晒莨后统称为香云纱。坯纱绸织好后，先将其煮炼熟，再洗水、晒干，平铺在空旷草地上，洒或浸以薯液，反复洒晒（或浸晒）后，再用河泥覆于绸面，使覆泥的一面呈黑色，背面呈棕黄色。也有晒莨不覆泥的，绸面则呈棕红色（且一面深一面浅，这是由于晒制时通过日照把底面莨液抽上正面的结果）。莨纱绸经晒莨处理后，成为独具一格的丝质拷胶衣料。

（二）染色材料与工具

薯莨是薯蓣科多年生的藤本野生植物，最长可生长到20米。我们经常能看到的薯莨有两种（图3-11），一种横切面是红褐色的，另外一种横切面是黄色的，在香云纱染整工艺中一定要选用红褐色的成熟薯莨。薯莨块茎一般生长在表土层，没有固定的形状，它们通常呈长圆形、卵圆形、葫芦形、球形或结节块状。性喜温暖，茎叶喜高温和干燥、畏霜冻，最适生长温度为26～30℃。生长3年以上者，四季可采，尤以

图3-11 薯莨横切面

5~8月间采收的块状茎质量较好。

由于薯莨块茎富含缩合单宁，其汁液也易于提取，自古以来被广泛地用作天然染料。民间大量取其汁液染渔网、绳索、皮革和布料，它还用于工业染布、丝绸和香云纱等。

薯莨染色需要的工具有竹竿、染液，用于配制、存储染液、面料浸渍和染色的染缸（纯铜铸造锅）等容器，搅拌及后整处理工具等。

（三）香云纱织造、染色的工艺流程

1.传统香云纱坯纱织造过程

香云纱织机由前揽、大轴、二轴、绞综、盘踞、花箱、花纸、脚踏等部分组成。绞综是织机经线的总控制系统，要在纱罗上织出通花透光的提花，首先要编出一幅合适的绞综。绞综是香云纱织机的重要组成部分，可以制作出扭眼通花的效果，具有通风透气的特点。花箱是根据花纸的图案款式做出的花样，花纸是预先安装在提花机上的模板。香云纱的复杂织造技艺可以织出多种多样的提花图案，每织造一款提花都需要一套花纸，通过花纸控制经线和纬线的交织。要织出一个花式，就需要一百多片花纸，总共有上万个按照规律分布的孔洞。传统香云纱的扭眼通花图案是万盛花，"万"字是绵长不断和万福万寿不到头的意思。后来，为了适应市场的需求，工匠们又陆续开发出各种各样的花纹图案，如“福寿花”“吉祥花”“小云纹”等。同时，织机工匠们研发出“胜利花”来庆祝中华人民共和国成立。然而，各种花纸因为丝织业的衰落已经丢失了，现在只能找到“万盛花”和“胜利花”的花纸，如图3-12和图3-13所示。“祥云”图案是最新研发出来的，如图3-14所示。香云纱正是因为有如此细密、匀称而且是斜向的通花，所以穿起来非常凉爽，透气却不透光。

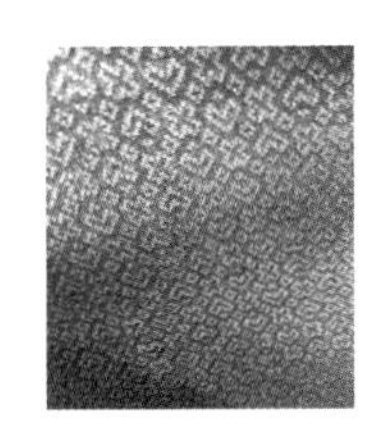
图3-12 万盛花

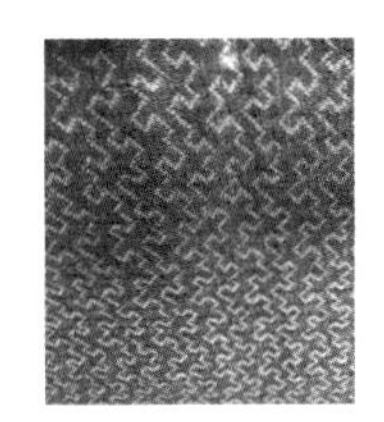
图3-13 胜利花

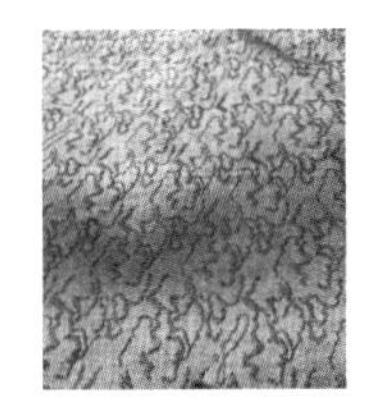
图3-14 祥云

香云纱的织造过程分为以下几个工序（图3-15）：

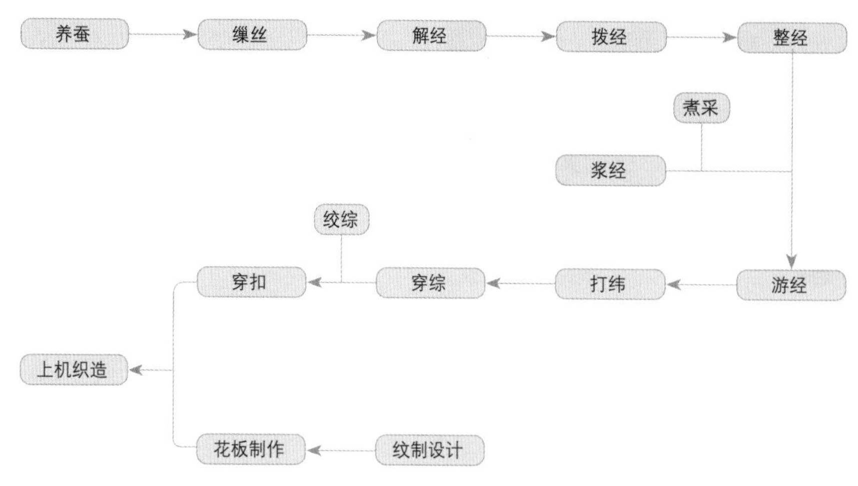

图3-15　香云纱织造流程

其中重要的几个工序的具体操作如表3-1所示：

表3-1　香云纱织造主要工序

工序	操作
解经	又称搅丫头，即将买回来的丝束放到打纬机上，将每一根细丝绕到丫头上，做成丝球，必须注意手的搅拌速度要均匀
拨经	又称拉丝，将做好的丝球分别列好，然后拉出来做成一束丝线，每一束丝的数量视需要而定，一般约200条丝。高处的架子上高低错落摆放着三十个线轴，通过双手把它们扯成一缕，要做到松紧适度、有条不紊
浆经	先用竹篦子梳理好，分开每一条细丝，然后将石花菜和生粉混合煮好（称为“煮采”）粘到竹篦子上，使每条蚕丝都均匀沾上煮采，而且不能粘在一起，所以必须动作要快。如果天气干燥，动作更要迅速；若天气潮湿，则需要在下面放炭炉或柴炉烘干。每条细丝必须干燥才能用作纺织。石花菜煮熟后有粘连力，可以防止丝线起毛，织造时不易断
游经	用刷子将浆经时涂不均匀的浆刷均匀
打纬	用绕线机将丝球绕到纬上边，打好之后就可以放到机梭上织布。打纬的时候注意用力要均匀，不能太松或太紧，也不能打得太满
绞综	是织机经线的总控制系统，要在纱罗上织出通花透光的提花，首先要编出一副合适的绞综。香云纱织机为线制绞综，在提花织机上织造
花板	花板式提花机又称花楼，是提花机上贮存纹样信息的一套程序，它由代表经线的脚子线和代表纬线的耳子线根据纹样要求编织而成
织造	将浆经线放上织布机上，纬线放到机梭上，可以开始织布。织布时注意速度要均匀，手脚动作协调

2. 香云纱染色过程

香云纱独特的色泽、质感主要源于其特殊的染色加工工艺：它以野生植物薯莨的块茎为染料，将坯绸进行数十次反复浸染、暴晒，再涂覆特定的河泥。为便于吸收染液，坯绸需采用精炼绸。香云纱染色加工流程是一个冗长的过程，工序繁多，变动性较大，大致分为三个阶段。

在前两个阶段中会反复提到“过水”，主要分为四种“过水”，即头过水、二过水、三过水、四过水。把捣碎的薯莨放于竹箩内浸于第一个池中得到的汁液称为“头过水”，浸于第二个池中得到的汁液称“二过水”，再依次得到“三过水”“四过水”（又称渣水），浸出得到的各种薯莨水经过过滤后放入大木桶内备用。第三个阶段是在晒好的坯绸上过河泥，俗称过乌。

第一阶段：主要工序如图3-16所示。具体操作如下：

（1）准备坯绸和染液。为了方便染色，有的坯绸要经过煮炼，用温水将附着在丝绸上的少量丝胶及杂质去除。要特别说明的是，煮炼用的锅不能用铁锅，含有铁

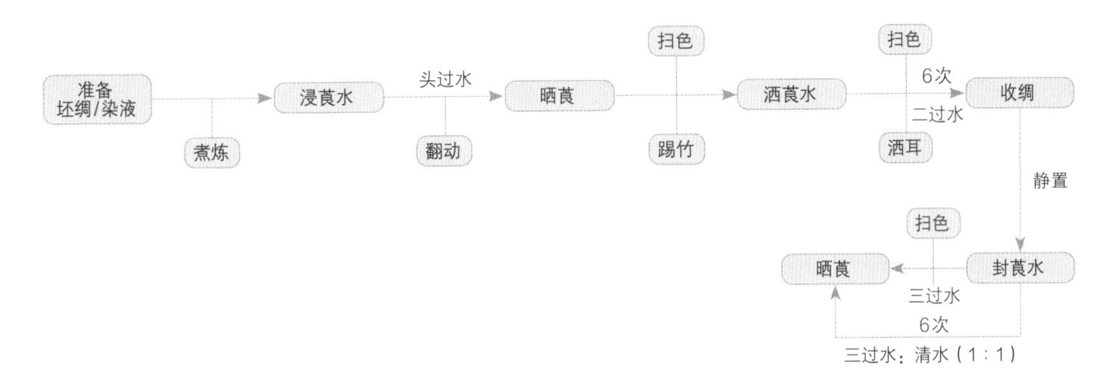

图3-16　香云纱染色流程第一阶段

成分的也不行，因为如果有铁离子附着在丝绸上，就会和薯莨汁液起化学反应。因此晒莨厂多采用纯铜铸造的大锅，直径大概为1.2～1.5米，安放在榨取薯莨汁的机器旁。染液即莨水，将薯莨捣碎后用水浸渍（图3-17），所得的棕红色清液即为“莨水”，也就是用于反复浸染坯绸的染液。

图3-17　捣碎的薯莨

（2）浸莨水。将坯绸放入浸液池中，用“头过水”（最浓的莨水）浸过绸面，双手不停地翻动，确保坯绸的每一根纤维和交织点充分吸收莨水，并均匀染上色。如果

是比较干燥的坯绸的纤维，需要浸泡较长时间才能完全染色。

（3）晒莨。将浸过莨水的坯绸拉至晒场上，拽平直，晒干。在整个加工流程中，“晒莨”是最繁复，也是最关键的工序，它包括浸染和暴晒两个步骤多次反复操作。晒坯在莨水中浸染后平铺在草地上暴晒，晒干后再浸染，再暴晒，需反复数十次，才制得半成品（晒莨品）。在反复的浸染、暴晒过程中，薯莨中的单宁充分渗透到晒坯内部的纱线、纤维之间，并在晒坯表面沉积，逐渐形成涂层，从而赋予香云纱与众不同的挺爽质感。

在晒莨过程中，阳光强度越大，气温越高，晒莨效果越好。此时，晒莨品手感硬挺，外观涂层明显且色泽饱满，过泥后正面乌黑润泽，涂层牢度好。如果阳光强度不足或是风干，则晒莨品手感绵软，色泽萎暗，过泥后的成品颜色灰暗，涂层牢度差。

完成浸染的坯绸固定在草地上后，工人们手持蒲葵叶轻轻将坯绸上的小气泡扫去，避免晒干后留下气泡的痕迹，从而影响香云纱的染色效果，这个工序叫扫色。晒莨时，扫净气泡后，工人会每隔一米左右放置一排长竹竿，防止坯绸卷边，同时为了不留下痕迹需要不停翻动长竹竿，此工序叫“踢竹”。

（4）洒耳（洒莨水）。坯绸晒干以后工人将“二过水”装入洒桶，喷洒在绸面上，晒干后重复洒液，重复6次。此工序称为“洒耳”。

（5）收绸。经过洒耳的坯绸已经呈现浅棕色，这时还要把坯绸收起来以便进行封莨水。收绸工序需要工人将坯绸折叠如手风琴一般，干燥后的坯绸变得硬挺，纤维很脆易折断，因此，工人要在40厘米左右开始回拉、对折，不断重复同样的动作，一边折一边整理，动作要快而轻柔。

（6）封莨水—晒莨。这个过程是指从封莨水到晒莨。将步骤（5）中收好的坯绸放到特制的封水池中，用“三过水”浸透坯绸，再进行暴晒，重复这个过程6次，就完成了第一阶段工作。

第二阶段：主要工序如图3-18所示。具体操作如下：

（1）煮绸。这个阶段首先要煮绸，在40～50℃“三过水”不停翻动坯绸，为了坯绸能更充分地吸取染料和上色均匀，过程需4～5分钟。

（2）封莨水—晒莨。与第一阶段染色一样的封莨水—晒莨工序，封莨水使用的是45～50℃“二过水”，重复2次，然后晾晒。

（3）封莨水—晒莨。与步骤（2）同样的封莨水—晒莨工序，所不同的是染液使用的是四过水，常温，重复12次。

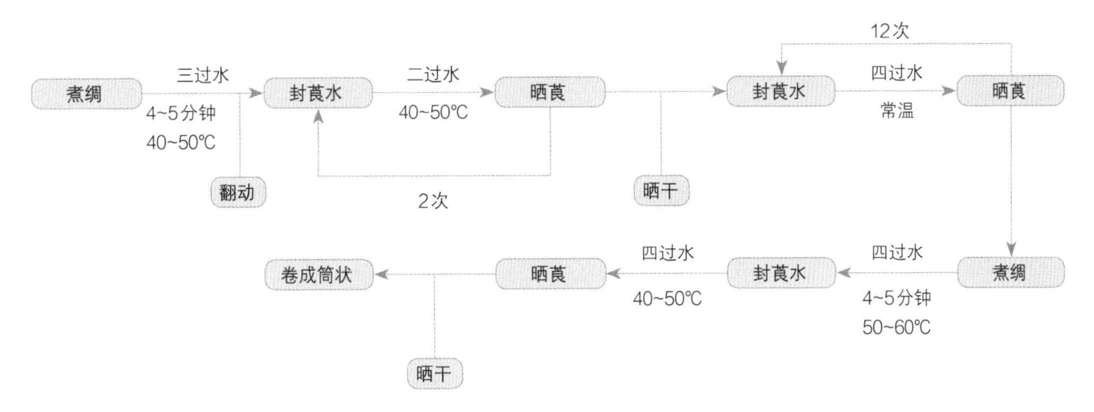

图3-18　香云纱染色流程第二阶段

（4）煮绸。使用50～60℃“四过水”煮绸，过程4～5分钟。

（5）封莨水—晒莨。又重复一次封莨水—晒莨的工序，封莨水使用的是40～50℃“四过水”。

（6）晒干后卷成筒状。

第三阶段：主要工序如图3-19所示。具体操作如下：

（1）过河泥。过河泥是指将特定河道的河泥或塘泥调制成合适的稠度，然后涂覆在晒莨品正面的操作工序，民间俗称过乌。此工序以前是在凌晨三四点至日出前进行，到了现代，有专门的遮光棚，场地的改进使得过河泥在一天任意时候都可以进行，减轻了工人负担，同时也提高了生产力。

涂覆泥糊并静置若干时间后，晒莨品正面由棕黄色变为黑色，而背面保持棕黄色不变。香云纱只在珠江三角洲的顺德、南海等有限几个地方生产，主要原因就是过河泥所用的泥料必须是采自上述地方特定河道的河泥或塘泥，否则制成品就不能形成乌黑油亮的色泽。

（2）水洗。过河泥后水洗，然后晒干。

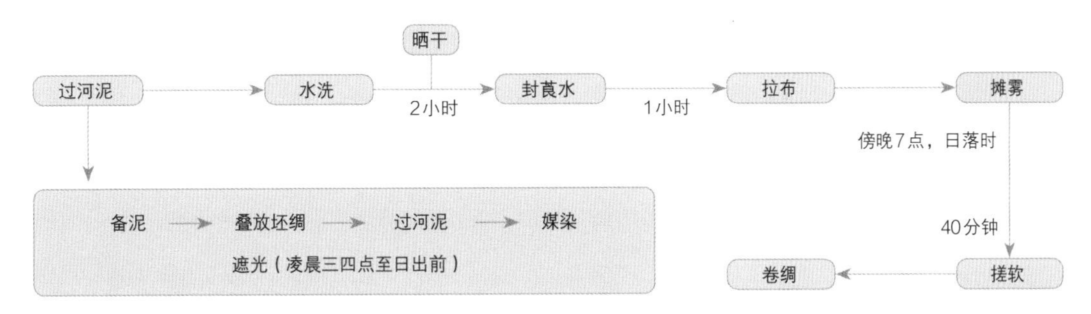

图3-19　香云纱染色流程第三阶段

（3）封莨水。将晒干后的绸放入封水池中浸透1小时，使色彩更均匀有光泽，封完莨水后再晒干。

（4）拉布。晒干后为了使香云纱平整舒展，需要将绸拉平。

（5）摊雾。第一次晒莨在清晨，为了不影响坯绸的干燥，工人们要先将晒场的露水吸干净。但是，已经在高温下晒好的绸，为了使其变得柔软而舒适，需要在日落潮气升起时将绸放于草地上吸收草地的水分和空气中的雾气，使丝绸润泽，因此得名“摊雾”。

（6）搓软。将已完成之前工序的绸搓软。

（7）卷绸。卷绸备用，整个工序完成。

香云纱生产对日晒强度、天气、河流等自然因素的依赖很大，而且各工序基本上都是手工操作，经验性很强，加工中需根据具体情况及时灵活地进行调整，本文仅描述一个大概的情况，并非固定不变的标准程序。例如在晒莨过程中，如果绸面形成的涂层分布不匀，就要增加煮绸工序，即用高温染液浸染织物，以使涂层匀化。又如过泥后发现正面黑度不够，就要增加过泥次数。

三、香云纱服饰色彩特征与织染地域文化

（一）香云纱服饰的色彩特征

常见的香云纱正面为富有光泽的黑色，背面为棕黄色，如果不过河泥也可呈现棕黄色彩。因为香云纱大多为丝绸材质，但与普通丝绸柔滑、飘逸的质感迥异，纱绸经薯莨染整理后在纤维表面形成的胶质膜，赋予了香云纱不同于一般丝绸的独特品质。香云纱本身的丝绸光泽与香云纱染色后的特殊色泽结合在一起，更为特别。

香云纱是使用纯植物染料染色的真丝织物，生产工艺独特，制作时间长，数量稀少。具有防水性强、易洗易干、日晒和水洗牢度佳、色深耐脏、经久耐穿等特点。随着时间流逝，香云纱颜色越来越浅，纹理越来越细，如同有生命一样。贮存或穿着时间越长越舒适、越柔软、越亮泽，特别适合炎热的夏天穿着，曾远销欧美、印度、南洋等地，被海外人士誉为“黑色闪光珍珠”服装，成为中国丝绸的著名产品品种。

（二）香云纱织染地域文化

1.悠久的人文历史

香云纱，在新中国成立前后一段时间内，根据不同的晒莨绸坯，分别称为香云纱或莨绸。香云纱还有很多不同的叫法，在不同的地区名称是不一样的，如表3-2所示。

广东人以粤地蚕丝为原料，纯手工扭眼通花织布织出白坯纱，将这种白坯纱作为底坯布，再经过晒莨过乌处理，形成了一种两面异色的面料，这种特定色泽的面料流传甚广，非常受欢迎。据说因香云纱颜色像香烟，又被上海人称为香烟纱，香烟纱这个名字更加诗意，有淡香、轻烟、薄纱之感。如今，香云纱的染整技艺正面临继承和创新的挑战，除了薯莨之外越来越多的植物染料争相出现，香云纱的可使用染整材料越来越多，染整方式也越来越丰富。

表3-2　香云纱在不同地区的名称

地区	名称	地区	名称
佛山	云纱、莨绸、孟买绸	广州	云纱、莨绸、竹纱
深圳	十丈乌	北京	油绸、拷（靠）纱、拷皮
江门	凉口	上海	香烟纱
桂林	点梅纱	香港	黑胶绸

2.生态美学价值

得益于广东顺德这片地域特别的生态条件，每匹香云纱自出产之日起就一直在发生变化，而且时间越久越迷人。一般丝绸服装穿久了易褪色发黄，易起皱变形，不复现新衣时的光鲜亮丽，而香云纱却完全不同，它越穿越油润乌亮，越穿越轻快凉爽。随着时间的流逝，其附着的胶质膜会在穿用过程中不断发生变化，如同有生命一样，其中蕴含的当地的阳光、露水、草地、泥土的芬芳和手工艺人的智慧与汗水，使香云纱散发着浓郁的生命气息。

第三节

岭南少数民族植物染

一、黎族植物染

海南黎族植物染工艺与黎族棉纺织工艺、麻纺织工艺、织锦工艺紧密结合，构成了黎族传统织染工艺体系，这是黎族妇女智慧的结晶，也是她们运用植物染织的高超技能的表达。海南黎族织锦中的染色技艺在不断地改进中已经成熟，与其他少数民族染色技艺比较，在染色的工序上有相同之处，在取材上由于地域的差异又有不同之处。黎族植物染中黑色的染色工序与其他颜色染色工序略有不同，是将乌墨树的树皮和芒果核同煮一段时间，将纱线投入染缸染色后再拿到河边或稻田中有黑泥的地方埋起来，直到纱线的染色牢固后才能清洗晒干。

（一）植物染色彩

黎族人民的植物染色工艺品中最富艺术特色就是织锦，黎族织锦是非常有特色的一种民间手工艺，又称“黎锦”，本节将以黎族织锦的植物染色为例进行论述。

黎族织锦区别于其他织锦艺术，黎族织锦的材料以棉线为主，麻线、丝线和金银线为辅。黎族织锦的植物染是指将织锦用的纱线在织之前先进行染色的工艺，色彩可分为红色系、蓝色系、黄色系、绿色系和黑色系，色彩的浓淡可根据染色时间和媒染剂控制。黎族五个方言地区的织锦配色风格不尽相同，如哈方言和赛方言地区的色彩搭配多以对比色为主，给人缤纷夺目之感；润方言以红色和黄色为主色，织锦配色华丽大气；杞方言配色也以对比色居多，再结合刺绣工艺，使色彩更具鲜明艳丽的效果；美孚方言织锦常以深蓝为主色，白色为辅，给人庄重肃穆之感，在年轻人穿的织锦筒裙中会配以鲜艳的对比色，使色彩搭配相得益彰。

黎锦的植物染色给人以斑斓多彩又不失古朴含蓄的视觉审美感受，对色彩的搭配具有较高的格调和情趣。勤劳的黎族先民们在千年时光中打造了黎锦深厚的文化底蕴，植物染的技艺不仅成熟精湛，每种色彩也都被赋予了象征寓意，例如：红色象征了吉祥、尊严与热情，常用于婚礼盛装和祈福的场合；黄色则象征平安和华丽；蓝色象征智慧和对生活的美好追求；黑色不仅象征庄重，也有吉祥和辟邪之意。这些色彩体现了黎族妇女对幸福生活的追求和美好向往。抛开浮躁的流行色彩，将黎族织锦色彩运用到现代服装设计之中，是对服装的文化提升，也是对民族文化的继承和发扬。

（二）技艺与流程

海南黎族植物染织的特色技艺有纺纱、绑染。

1.纺纱

即把棉花脱籽、抽纱，把纱绕成锭。黎族人手捻纺轮，脚踏纺车将采集回来的棉花或麻等进行纺线，用脚踏转动轮子的同时手一边捻纱线。黎族传统纺染织绣技艺是宝贵的非物质文化遗产，为了保护该项传统有足够的原材料，政府也划拨资金在大田镇建设了原材料生产基地。每年固定时间采集原材料，放置室内干燥地方储存。

2.绑染

步骤如下：

（1）扎经。在染之前，美孚妇女先进行扎结。方法是，把理好的纱线作经线，将经线有序的缚在约两米长、半米宽的木架上，一端绕好固定在一个长约2米的木架上，上下各两层一共四层，用青色或褐色棉线将防染部位缠绕几圈扎结形成各种图案花纹。扎的时候，她们都是心中有图案的，用来扎的棉线过小米浆使纱线变粗糙，扎几何图案的时候她们会蘸点口水，然后在经线上做标记使图案更对称完美。扎好结留待后续染色。

（2）染色。黎族人衣服底色主要是黑色，上面的花纹采用多种颜色，色彩丰富，十分漂亮。他们采用天然原料进行染色，这些天然原料来自身边能染色的任何东西。在传承馆里继承人对我们说这些红、绿、黄、蓝、黑等颜色都是用自己采集的植物染出来的：板蓝根在染色制作前一定要进行泡水；苏木要用裂开的芯材，因为裂开的更容易得到染液，而且可以重复利用，制作完染液后可晒干再制作。

染经线的具体过程是将原料进行泡水→煮一个晚上→析出染液，然后将扎好结的经线进行染色，多次多天，大概20天，阴天就一个月，使纱线慢慢上色，染成深蓝色或黑色，染完后要将纱线阴干，最后就将扎经的线拆下。拆线后，被线系住的部分保留白色，这就完成了染的工序。

（3）织造。染色之后是经纬编织，彩色的纬线被织进染色后的经线，织成的锦就形成了蓝底（或黑底）的白花纹样，织造成的蓝（黑）底白花花纹会越洗越好看，即使有些会褪色，但也很有味道。这种染织工艺结合形成的纹样不仅精美，颜色的层次感也十分丰富，在我国少数民族染织工艺中独树一帜。

由以上黎族植染织技艺呈现出的黎族织锦极具沉静含蓄的色彩韵味，历经百年时光依旧如新，不仅具有独特的文化价值，也有着相当可观的经济价值和药用价值。学者和研究人员应科学地研发这一宝贵的民族文化资源，不仅满足当今消费者对安全天然面料的服用需求，也为植物染料产业的发展带来广阔的前景。

二、瑶族蜡扎染

瑶族也是一个心灵手巧的少数民族，除了精通刺绣以外，他们服饰中也常见染色技法的出现。下面以广东连南两个瑶族分支为例，通过扎染头帕和蜡染头帕来感受染色的魅力。

（一）蜡扎染色彩

连南油岭排瑶和南岗排瑶的蜡扎染工艺基本采用靛蓝染色，所以染出的颜色都是蓝色系，包括蓝色、深蓝色和蓝黑色。连南排瑶的蜡扎染的蓝色与布料本身的白色形成蓝白相间的视觉效果，以前用于染色的白色棉布多是瑶族人自织的土布，染好的蓝色与土布结合，形成十分质朴的视觉效果，不同于市面上常见的植物染色布。

（二）技艺与流程

1.连南油岭瑶族妇女扎染头帕

扎染头帕一般用作连南油岭瑶族新娘盛装绣花冠的内壳。制作工序如下：

（1）用白色棉线在白色棉布正面用平缝和挑缝，背面用包缝，均匀绣出四条横线纹样（图3-20）。

（2）把四条横线全部拉紧（图3-21）。

（3）把新鲜的“大茶叶树”（一种灌木）的树叶（图3-22）摘下，和已扎好拉紧的棉布、清水放到锅里煮，煮出树叶里的色素（图3-23）。

（4）水烧开后一边煮染一边搅拌，重复多次染色，直至染成蓝黑色（图3-24）。

（5）晒干扎染头帕，将线拆掉，将表面浮色用水冲掉，晾干熨平，头帕制作完成（图3-25）。

2. 连南南岗瑶族妇女蜡染头帕

用白色棉布在表面用蜡液涂好三个双线回字，待蜡液凝固后重复之前扎染头帕的步骤（3）和（4）。颜色染至蓝黑色后，将凝固的蜡液熔化剥离布面，布面用水冲洗干净，晾干熨平，即可完成一块蜡染头帕（图3-26）。

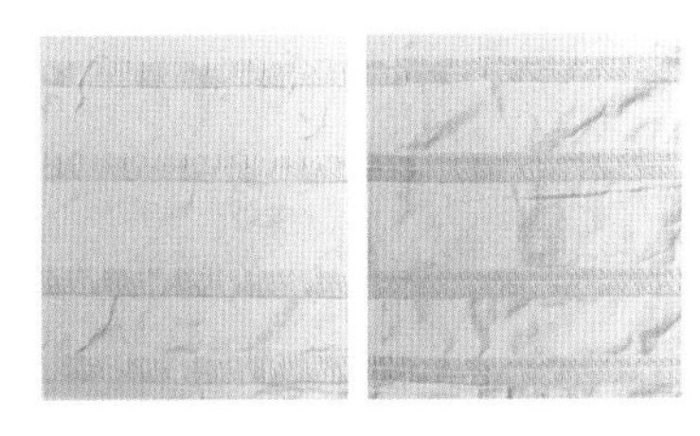

图3-20　扎好的白色棉布的正面和背面

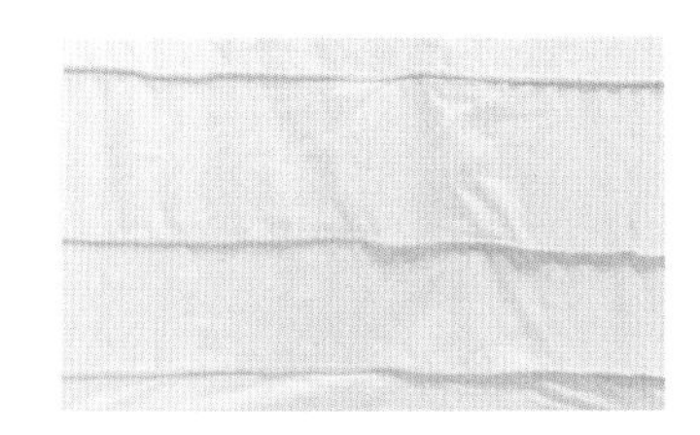

图3-21　拉紧线的白色棉布

图3-22　大茶叶树

图3-23　煮染锅

图3-24　染好色的头帕

图3-25　完成的头帕

图3-26　蜡染头帕

第四章

植物染的基础工艺

植物染工艺需要一些条件才能实施，这些条件集中在媒染、时间、温度、水与染料配比等方面，并且染色效果也会因为这些条件的改变而发生变化。本章介绍植物染的基础染色方法和实验。希望读者了解和掌握染色工艺的方法和规律后，可以进行实践和创作。

第一节

植物染的基础染色方法

植物染料的染色方法大致可分为三大类，即直接染色法、媒染法、还原法，下面简要介绍三种方法。

一、直接染色法

部分植物染料的色素结构组成中具有亲水性基团，易溶于水中，色素可以直接和纺织纤维结合在一起而上染，故可直接染色。

相较于其他染色法，直接染色法相对比较简单。自然界中的花卉、水果等物种都有可以直接染色的品种，如栀子、姜黄、火龙果、车厘子等在水中的溶解度都比较好，其色素可以直接吸附到纤维上，这种材料可以使用直接染色法。方便上色的同时也会有一定的弊端，因为没有使用专门的固色方法和材料，直接染色法染过的材料色彩浓度偏低，色牢度也较差。

二、媒染法

虽然一部分植物染料的色素在水中的溶解性能很好，色素分子可以直接上染纺织纤维，但是为了提高染色的色牢度，还是需要经过媒染工艺。大部分植物染料的色素在水中的溶解度很小，但染料分子中含有络合配位结构基团，可借助媒染剂染着在纺织纤维上。所以媒染剂和媒染技术显得特别重要且必要。媒染法的染色工艺排序可分为：

（一）先染色再媒染

在自然中有一些色素是难溶于水或者不溶于水的，这就不利于我们提取材料中的色素，但是科学家发现其配糖体却能溶于水中，而且容易被纤维吸附，所以我们可以通过采用后媒染进行处理，栀子、槐花等都是属于这种类型的染料。例如，使用栀子染料染织物的步骤是：首先是染色工艺，被染织物在染液中沸染，其次是媒染工艺，该过程在室温条件下处理即可，可以选用含铁、铅、锡等金属离子的化合物或稀土等作为媒染剂，完成媒染。媒染后用水洗掉织物上多余的媒染剂和浮色等残留物，然后烘干即可。

（二）先媒染再染色

自然界中也存在着部分的天然色素化学成分中含有络合配位的基团，金属络合键实质就是一个或者几个溶剂分子和其他金属基团所结合的化学键，但是这些色素往往在水中的溶解度也比较小，所以我们要先让纤维吸附金属离子络合键，就是要先媒染，做完这个步骤，纤维可以进一步吸附染料，完成染色过程，然后水洗和烘干。此类染料常见的有紫草、茜草等。

（三）先媒染再染色再媒染

先媒染再染色再媒染是使用不同的媒染剂分别在织物染色前、染色后进行处理，采用此工艺处理织物可以获得比先媒染再染色或者先染色再媒染都要好的染色效果。

综合来看，媒染技术可以改善植物染色色牢度，选用不同的媒染剂及媒染工艺，可以得到不同的颜色。媒染剂常选用绿矾（硫酸亚铁）、明矾（硫酸铝钾）等，媒染可以在染前、染中或染后进行。

不同媒染的工艺效果是不一样的：先媒再染色的织物上染率高、但匀染性差；先染再媒法的织物颜色均匀，但染色后纯度偏浅。因此，应针对不同种类的织物和媒染剂的特点采用不同的媒染方法。

三、还原法

还原法是指部分植物中的天然色素化合物的色素无法直接溶解在水中，需要通过还原法提取色素后再染色，代表性的有蓝草提取的靛蓝染料。还原法的原理是将靛蓝染料还原成隐色体盐，然后再进行染色处理。

以上介绍的是我们日常生活中较为常用的染色方法，但不必拘泥于此，在实际应用中，可以根据具体情况进行方法的改进和整合。一些植物染料的染色工艺较为复杂，需要根据染料本身的特性选择适合的染色方法，例如有的天然色素对不同pH值溶液的溶解度不同，故可选择适当的染料或染材对纺织纤维进行染色，常见的有红花、郁金等。此外，适应根据不同织物的特性来选择染色方法。

第二节 植物染基础染色实验

基础染色实验由最容易染的蓝色开始，通过蓝、黄、红三种颜色的植物染材实验得出色彩分析结果，探讨植物染基础工艺。

一、蓝色

（一）实验目的

控制蓝染的上色、固色效果，扩展蓝染颜色；尝试多种新的染色方法。从染料的浓度及染色时间来分析蓝染的染色配比。

（二）实验原理

（1）以调制染料浓度来区分蓝染的浅色、中间色、深色系列。

（2）从蓝染的浅色、中间色、深色系列中，根据时间的推移来补充三种颜色的区间。

（三）染料

蓝染染料使用成品靛蓝泥，原料来源于大青叶，主要为菘蓝的叶子，随着技艺的发展，马蓝、蓼蓝、木蓝植物的叶子也可作为大青叶，因此蓝染染料来源不断拓展（图4-1）。

（四）实验方法与步骤

1.准备工具与材料

准备染料、150mL米酒、50mL渗透剂、2L热水、200g强碱、白布条、酸碱试验纸（pH试验纸），200g上色剂，300mL还原剂，如图4-2所示。

（a）菘蓝

（b）马蓝

（c）蓼蓝

（d）木蓝

图4-1　蓝染染料植物

2. 调制染料及染色

方法及步骤如下：

（1）将100mL蓝色染料包放进调色桶中（图4-3），加入50mL渗透剂（图4-4）后再加入100mL米酒（图4-5）与2L热水。

（2）准备另一个调色桶，加入200g上色剂。

（3）将200mL热水加入上色剂中，将上色剂融化，上色剂必须为沸腾状才是成功的（图4-6）。

（4）将上色剂放入染料中，搅拌，同时加入300mL还原剂（图4-7）。

图4-2　所需工具与pH试验纸

图4-3　靛蓝粉

图4-4　渗透剂

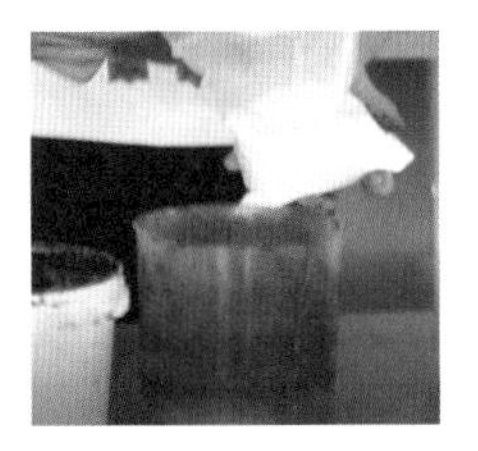

图4-5　米酒

图4-6　反应成功的上色剂

图4-7　还原剂

（5）搅拌过程中查看紫蓝色的泡沫或染料，泛绿时即可（图4–8）。

（6）将pH试纸放入染料中，pH试纸为11~12之间即为调色成功（图4–9）。

染色前将纯碱倒入经过电磁炉高温加热后的纯净水中搅拌，随后将面料放进水中进行脱浆处理，煮至30分钟即可（视面料杂质而定，一般棉面料煮至10分钟即可）。当纯碱水变为橙黄色时为杂质较严重，此时的碱水不能再继续使用（图4–10）。脱浆后的面料更利于染料的渗透，其固色牢度大大加强。然后要进行固色处理。固色处理可分两种方式：第一种是较为环保的方式，即面料阴干后，用白醋稀释液浸泡30分钟（注：白醋与水比例为1：3），采用这种方法要多次浸泡，耗时较长；第二种为化学固色，即面料阴干后，将固色剂倒入水中，浸泡面料20～30分钟（图4–11），固色剂用量根据不同化学固色剂与织物厚度、纺织密度而定。

图4–8　搅拌

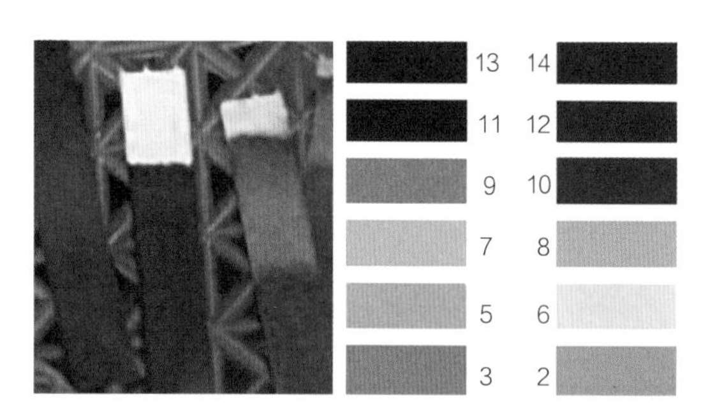

图4–9　pH试纸效果

图4–10　脱浆后的碱水

图4–11　加入固色剂的水

（五）实验记录

将染料分为三种配比方法，三种方法主要在水的添加量上不同形成不同浓度的染液，染出来的色号分为浅色系、中间色系、深色系（表4–1），再从浸泡时间推移找出三个颜色之间的颜色差色系（表4–2）。

表 4-1　染料浓度配比与效果（编号取自潘通色卡）

编号	靛蓝粉（g）	还原剂（mL）	上色剂（mL）	渗透剂（mL）	米酒（mL）	水（mL）	对比图
1	10	30	20	5	10	1000	15-4005TPX
2	10	30	20	5	10	800	18-4036TPX
3	10	30	20	5	10	400	19-4026TPX

表 4-2　棉布染色效果与时间（编号取自潘通色卡）

时间（min）	棉布染色效果		
	浅色系	中间色	深色系
0.17	13-4200TPX	18-4334TPX	19-4030TPX
1	15-4005TPX	18-4032TPX	19-4026TPX
5	15-4319TPX	18-4036TPX	19-4027TPX
10	15-4225TPX	19-4035TPX	19-4028TPX

续表

时间（min）	棉布染色效果		
	浅色系	中间色	深色系
20	16–4127TPX	18–4034TPX	19–3880TPX
30	17–4131TPX	18–4041TPX	19–3925TPX
60	18–4036TPX	18–4037TPX	19–4012TPX

二、黄色

（一）实验目的

研究染料特性、上色情况和色阶，找出染料与织物结合的特点。实验不同媒染剂对染料的上色度的影响。

（二）实验原理

（1）媒染剂的影响。媒染剂可调节染料的酸碱度，有些色素在不同的酸碱性溶液中较易溶解，对面料起到发色和固色的作用。

（2）溶液的pH值不同，会使染料颜色发生变化。

（3）不同面料的纤维结构的属性不同，跟染料的亲和度也不同。

（三）染料

1.栀子果实

栀子果实（图4–12）呈鲜黄色，椭圆形状，非常容易上色，色素稳定，属于直染染料，可直接煮染，萃染色彩明亮，染出的面料呈黄或橙黄色。采用媒染加入染料以后面料颜色会呈现不同的变化。

图4-12 栀子果实

2. 黄檗

黄檗（图4-13）树皮可入药，还有抗菌杀虫的作用，树皮内层含小檗碱（Berberine），可染黄色，所染黄色颜色明快，色相黄中微偏绿。采用媒染加入染料以后面料颜色会呈现不同的变化。

图4-13 黄檗

（四）实验方法与步骤

1. 准备工具与材料

准备电磁炉、锅、染料、手套、夹子、面料、套袋、栀子染料、黄檗染料、媒染剂等，如图4-14所示。

图4-14 工具与材料

2. 调制染料及染色

栀子实验方法与步骤如下（图4-15）：

（1）将栀子果实装入隔离袋中，根据要染出的颜色情况配比水和染料。

（2）温水入染材然后大火煮开，再转小火煮20分钟。

（3）煮至染料渗出，或者等到栀子的果实完全煮烂。

（4）将处理好的染坯（棉、丝、羊毛、麻）充分浸水后放入染液中，浸染5次，每次浸染时间分别为5分钟、15分钟、30分钟、1小时和2小时。

（5）将浸染好的面料取出。

（6）准备好三种媒染剂，在原染液中加媒染剂后再放入面料染色。

图4-15 栀子果实验过程

黄檗实验方法与步骤如下：

（1）布料裁剪脱浆：将棉麻毛丝布料分别裁剪20块，大小为8cm×8cm，预留一定位置，方便后期裁剪色卡（图4-16）。将预先准备好的布提前一晚脱浆泡好（图4-17），布料过水后会更加容易上色，也防止染色不均。

图4-16　布料剪裁

图4-17　布料脱浆

（2）称取材料：用电子秤称出100g去皮黄檗，再分别称蓝矾、明矾、绿矾各约6g（图4-18）。

（3）提取染料：材料用纱布包扎后过滤。准备电磁炉和清洗干净后的锅，确保不会影响染色，往锅里加入2L水，盖锅盖大火煮沸，转小火60分钟，倒出第一次的溶液，再重复操作两次，将三次操作获得的染液倒入一锅中（图4-19）。

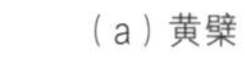

（a）黄檗

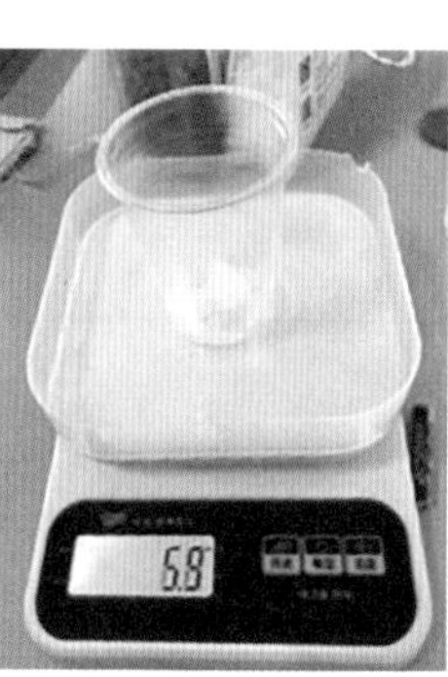

（b）明矾

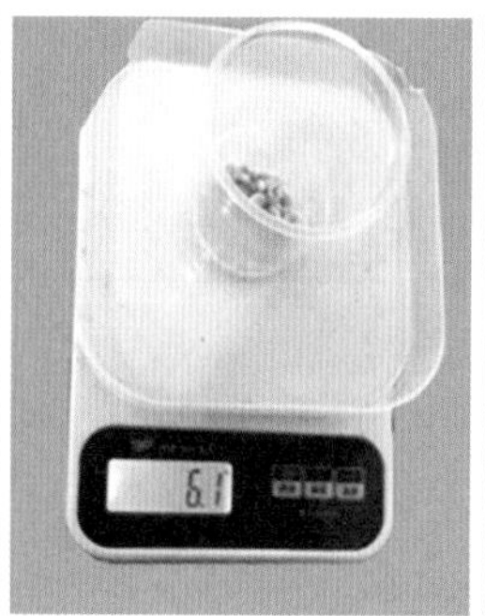

（c）绿矾

（d）蓝矾

图4-18　称取材料

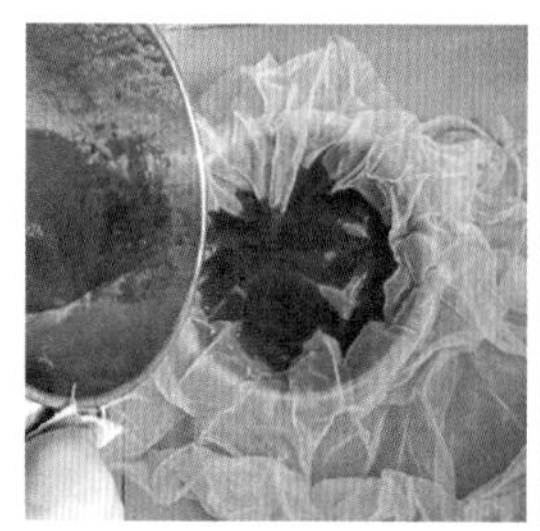

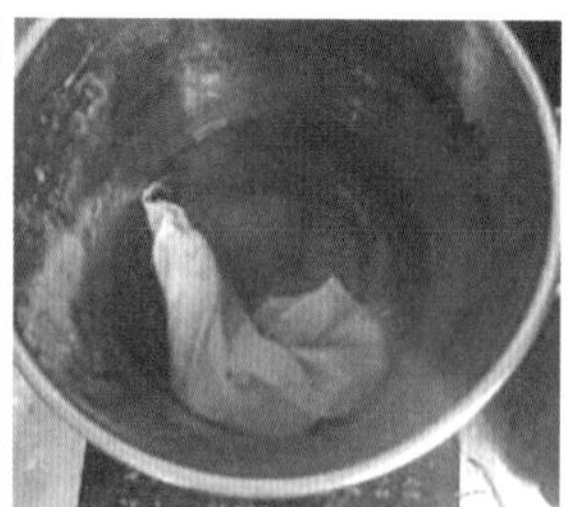

图4-19　提取染料

（4）浸染织物：染液保温50℃，将棉、麻、毛、丝面料各放5块，分别在5分钟、15分钟、30分钟、1小时、2小时各捞出1块布，捞出来的布需要过水，防止有杂质粘在布上致使染色不均。

完成无媒染色卡后，准备三个小锅和电磁炉，将染液分别倒入3个锅中各2L，再将蓝矾、明矾、绿矾分别倒入三个锅中，用筷子搅拌溶解后，将棉、麻、毛、丝面料各放5块，保持50°水温，分别在5分钟、15分钟、30分钟、1小时、2小时捞出1块布，捞出来的布需要过水，染后的布放在桌上晾干后按照顺序收好（图4-20）。

（5）色卡裁剪整理：将收集好的面料熨烫平整后，裁剪一块5cm×5cm大小的牛皮纸，然后在布上取一块染色均匀的地方，用笔在布后面做标记，用狗牙剪裁剪下来；在布背面粘上双面胶，按照横向是时间、纵向为无媒染、明矾、蓝矾、绿矾顺序排列，做出色卡（图4-21）。

图4-20　浸染材料

（a）熨烫面料

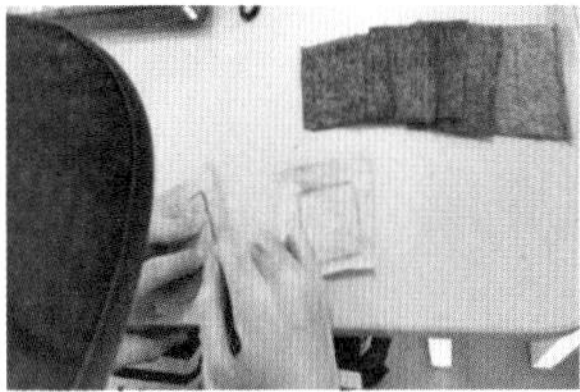

（b）标记5cm×5cm大小

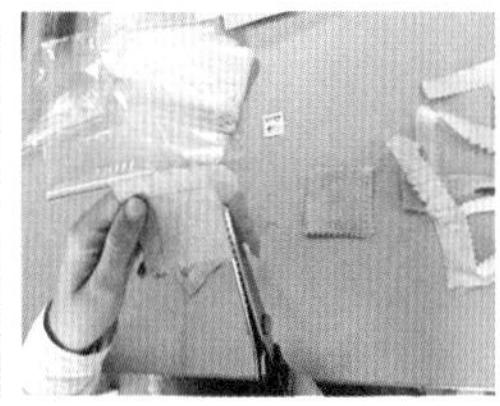

（c）裁剪

（d）按顺序整理

（e）完成面料粘贴

图4-21　整理色卡

（五）实验记录

将栀子果实和黄檗染色分为四种配比方法，即无媒染、明矾媒染、绿矾媒染、蓝矾媒染，然后以浸泡时间推移呈现四个颜色之间的颜色差色系。以下是实验整理的色卡（表4-3～表4-10）。

表4-3 栀子染色板（棉）

有无媒染	时间（min）					
	0	5	15	30	60	120
无媒染	原面料12-0722TPX	色卡12-0711TPX	色卡13-0720TPX	色卡12-0729TPX	色卡12-0758TPX	色卡14-0848TPX
明矾	原面料13-0850TPX	色卡14-0651TPX	色卡15-0955TPX	色卡14-0957TPX	色卡14-0846TPX	色卡14-0655TPX
蓝矾	原面料12-0619TPX	色卡13-0725TPX	色卡14-0837TPX	色卡14-0827TPX	色卡14-0754TPX	色卡14-0837TPX
绿矾	原面料11-0619TPX	色卡15-0732TPX	色卡15-0743TPX	色卡15-0730TPX	色卡16-0730TPX	色卡16-0742TPX

表4-4 栀子染色板（丝）

有无媒染	时间（min）					
	0	5	15	30	60	120
无媒染	原面料12-0721 TPX	色卡12-0736 TPX	色卡13-0756 TPX	色卡14-0754 TPX	色卡13-0850 TPX	色卡13-0759 TPX
明矾	原面料12-0736 TPX	色卡13-0850 TPX	色卡13-0759 TPX	色卡15-0955 TPX	色卡15-1050 TPX	色卡16-1054 TPX

续表

有无媒染	时间（min）					
	0	5	15	30	60	120
蓝矾	原面料13–0319 TPX	色卡14–0636 TPX	色卡13–0739 TPX	色卡15–0548 TPX	色卡15–0646 TPX	色卡14–0837 TPX
绿矾	原面料13–0720 TPX	色卡13–0739 TPX	色卡16–0639 TPX	色卡16–0532 TPX	色卡16–0726 TPX	色卡17–0929 TPX

表4–5　栀子染色板（毛）

有无媒染	时间（min）					
	0	5	15	30	60	120
无媒染	原面料12–0722TPX	色卡12–0711 TPX	色卡13–0720 TPX	色卡12–0729 TPX	色卡12–0758 TPX	色卡14–0848 TPX
明矾	原面料13–0850TPX	色卡14–0651 TPX	色卡15–0599 TPX	色卡14–0957 TPX	色卡14–0846 TPX	色卡14–0655 TPX
蓝矾	原面料12–0619TPX	色卡13–0725 TPX	色卡14–0837 TPX	色卡14–0827 TPX	色卡14–0754 TPX	色卡14–0837 TPX
绿矾	原面料11–0619 TPX	色卡15–0732 TPX	色卡15–0743 TPX	色卡15–0730 TPX	色卡16–0730 TPX	色卡16–0742 TPX

表4-6 栀子染色板（麻）

有无媒染	时间（min）					
	0	5	15	30	60	120
无媒染	原面料14-0925 TPX	色卡14-0826 TPX	色卡15-0730 TPX	色卡15-1132 TPX	色卡15-0942 TPX	色卡14-1036 TPX
明矾	原面料15-0948 TPX	色卡14-0651 TPX	色卡15-1046 TPX	色卡16-0652 TPX	色卡16-0647 TPX	色卡16-0950 TPX
蓝矾	原面料14-0826 TPX	色卡14-1025 TPX	色卡15-0730 TPX	色卡15-0732 TPX	色卡15-0743 TPX	色卡16-0730 TPX
绿矾	原面料15-0719 TPX	色卡16-0730 TPX	色卡17-0840 TPX	色卡18-0835 TPX	色卡16-0726 TPX	色卡16-0632 TPX

表4-7 黄檗染色板（棉）

有无媒染	时间（min）				
	5	15	30	60	120
无媒染	色卡11-0618TPX	色卡12-0721TPX	色卡11-0622TPX	色卡12-0711TPX	色卡13-0720TPX
明矾	色卡12-0617TPX	色卡13-0725TPX	色卡12-0711TPX	色卡13-0720TPX	色卡14-0827TPX

续表

有无媒染	时间（min）				
	5	15	30	60	120
蓝矾	色卡14-0927TPX	色卡12-0619TPX	色卡15-0628TPX	色卡14-0721TPX	色卡15-0730TPX
绿矾	色卡14-0721TPX	色卡15-0628TPX	色卡15-0525TPX	色卡16-0526TPX	色卡16-0726TPX

表4-8　黄檗染色板（麻）

有无媒染	时间（min）				
	5	15	30	60	120
无媒染	色卡12-0740TPX	色卡12-0738TPX	色卡13-0632TPX	色卡13-0640TPX	色卡14-0636TPX
明矾	色卡12-0520TPX	色卡13-0623TPX	色卡13-0333TPX	色卡12-0530TPX	色卡11-0620TPX
蓝矾	色卡13-0633TPX	色卡13-0522TPX	色卡14-0636TPX	色卡14-0627TPX	色卡15-0628TPX
绿矾	色卡13-0333TPX	色卡14-0627TPX	色卡13-0624TPX	色卡14-0626TPX	色卡13-0522TPX

表4-9 黄檗染色板（毛）

有无媒染	时间（min）				
	5	15	30	60	120
无媒染	色卡13-0648TPX	色卡13-0739TPX	色卡13-0640TPX	色卡14-0647TPX	色卡14-0750TPX
明矾	色卡13-0633TPX	色卡13-0333TPX	色卡13-0632TPX	色卡13-0636TPX	色卡14-0627TPX
蓝矾	色卡14-0434TPX	色卡15-0326TPX	色卡15-0531TPX	色卡15-0535TPX	色卡16-0639TPX
绿矾	色卡15-0628TPX	色卡16-0532TPX	色卡16-0639TPX	色卡16-0532TPX	色卡17-0636TPX

表4-10 黄檗染色板（丝）

有无媒染	时间（min）				
	5	15	30	60	120
无媒染	色卡13-0725TPX	色卡14-0827TPX	色卡13-0720TPX	色卡14-1025TPX	色卡14-0626TPX
明矾	色卡12-0520TPX	色卡13-0633TPX	色卡13-0333TPX	色卡14-0627TPX	色卡15-0628TPX
蓝矾	色卡12-0521TPX	色卡12-0418TPX	色卡15-0628TPX	色卡14-0210TPX	色卡15-0309TPX

续表

有无媒染	时间（min）				
	5	15	30	60	120
绿矾	色卡13-0522TPX	色卡14-0627TPX	色卡15-0525TPX	色卡16-0613TPX	色卡17-0510TPX

三、红色

（一）实验目的

研究染料特性，上色情况和色阶，找出染料与织物结合的特点。实验不同媒染剂对染料的上色度的影响。

（二）实验原理

（1）媒染剂的影响。媒染剂可调节染料的酸碱度，有些色素在不同的酸碱性溶液中较易溶解，对面料起到发色和固色的作用。

（2）溶液的pH值不同，会使染料颜色发生变化。

（3）不同面料的纤维结构的属性不同，跟染料的亲和度也不同。

（三）染料

此次植物染红色实验原料采用苏木（图4-22），苏木是一种常见的红色植物染料，主要取用的是苏木的芯材。苏木芯材有浓郁的红色素，用其染制的面料，色泽鲜艳美丽。通过加入不同的媒染剂，可以得到从赭红到紫红的不同颜色，如图4-23苏木染线色卡。

图4-22 苏木

图4-23 苏木染线色卡

种植于岭南的苏木染出来的颜色会偏黄一些，可能是由于该地区的土质偏酸一些，导致南北的苏木直接染制的颜色有些许不同。

苏木中的红色素在热水中易析出，在沸水中加入媒染剂后对绝大部分的天然纤维都能成功染色。苏木预媒染、后媒染、共浴染的染色后色彩大致相同，但深浅有所不同。与金属盐共同作用，产生化学反应，生成沉淀然后附着在纤维上，有着极佳的染色牢度。

（四）实验方法与步骤

首先将苏木放在水中浸泡3个小时，去除杂质后收集起来，放入纱袋中。将装了100g苏木的纱袋放入2.5L的清水中，煮水至沸腾保持30~40分钟，保证苏木的红色素在水中完全析出。将纱袋提出，得到染料。然后准备被染面料，放进明矾中浸泡2个小时后放入染缸中。这次苏木实验用了真丝和棉两种面料，并进行了面料在多种状态和条件下的染色尝试。

（五）实验记录

（1）苏木的天然色素不仅可以染天然纤维，还可以染合成纤维类。

（2）苏木的红色素在热水中更容易溶解，尤其是在沸水中溶解速度更快。

（3）在天然纤维中，动物纤维的上色率高于植物纤维。

（4）苏木可以被不同的媒染剂进行处理，得到的颜色也各不相同。

以下是根据苏木染料与真丝、棉面料在不同染制次数、浓度、时间、冲洗、媒染等条件下产生的不同反应和结果做成的色卡呈现（表4-11 ~ 表4-20）。

表4-11　真丝在染红实验中的数据变化

色号	染制次数	染料浓度	温度（°C）	加热时间（min）	浸泡时间（min）	日晒时间（h）	冲洗次数（次）	媒染剂	是否套染	色卡
A1	第一次	5 : 1	24	10	3	4	2	否	否	14-1220 TPX

续表

色号	染制次数	染料浓度	温度（℃）	加热时间（min）	浸泡时间（min）	日晒时间（h）	冲洗次数（次）	媒染剂	是否套染	色卡
A2	第二次	5∶1	24	10	5	4	2	否	否	15–1327 TPX
A3	第三次	5∶1	24	10	10	4	2	否	否	13–1322 TPX
A4	第四次	5∶1	24	10	12	4	2	否	否	16–1220 TPX
A5	第五次	5∶1	24	10	15	4	2	否	否	15–1322 TPX

表4-12　真丝加明矾在染红实验中的数据变化

色号	染制次数	染料浓度	温度（℃）	加热时间（min）	浸泡时间（min）	日晒时间（h）	冲洗次数（次）	媒染剂	是否套染	色卡
A6	第一次	5∶1	22	10	3	4	2	明矾	否	13–0908 TPX
A7	第二次	5∶1	22	10	5	4	2	明矾	否	14–1120 TPX

续表

色号	染制次数	染料浓度	温度（℃）	加热时间（min）	浸泡时间（min）	日晒时间（h）	冲洗次数（次）	媒染剂	是否套染	色卡
A8	第三次	5 : 1	22	10	10	4	2	明矾	否	13–1014 TPX
A9	第四次	5 : 1	22	10	12	4	2	明矾	否	13–1108 TPX
A10	第五次	5 : 1	22	10	15	4	2	明矾	否	15–1316 TPX
A11	第六次	5 : 1	22	10	20	4	2	明矾	否	14–1311 TPX
A12	第七次	5 : 1	22	10	25	4	2	明矾	否	15–1316 TPX
A13	第八次	5 : 1	22	10	30	4	2	明矾	否	16–1220 TPX
A14	第九次	5 : 1	22	10	40	4	2	明矾	否	16–1219 TPX
A15	第十次	5 : 1	22	10	60	4	2	明矾	否	17–1230 TPX

表4-13　真丝加铜盐（蓝矾）在染红实验中的数据变化

色号	染制次数	染料浓度	温度（℃）	加热时间（min）	浸泡时间（min）	日晒时间（h）	冲洗次数（次）	媒染剂	是否套染	色卡
A16	第一次	5∶1	20	10	3	4	2	铜盐	否	16–1329 TPX
A17	第二次	5∶1	20	10	5	4	2	铜盐	否	17–1514 TPX
A18	第三次	5∶1	20	10	10	4	2	铜盐	否	17–1514 TPX
A19	第四次	5∶1	20	10	20	4	2	铜盐	否	18–1438 TPX

表4-14　棉在染红实验中的数据变化（薄棉）

色号	染制次数	染料浓度	温度（℃）	加热时间（min）	浸泡时间（min）	日晒时间（h）	冲洗次数（次）	媒染剂	是否套染	色卡
B1	第一次	5∶1	20	10	1	8	1	否	否	12–1206 TPX
B2	第二次	5∶1	20	10	3	8	1	否	否	16–1720TPX
B3	第三次	5∶1	20	10	5	8	1	否	否	15–2210TPX

续表

色号	染制次数	染料浓度	温度（℃）	加热时间（min）	浸泡时间（min）	日晒时间（h）	冲洗次数（次）	媒染剂	是否套染	色卡
B4	第四次	5∶1	20	10	10	8	1	否	否	16-1710TPX
B5	第五次	5∶1	20	10	15	8	1	否	否	16-1708TPX

表4-15　棉在染红实验中的数据变化（厚棉过浆）

色号	染制次数	染料浓度	温度（℃）	加热时间（min）	浸泡时间（min）	日晒时间（h）	冲洗次数（次）	媒染剂	是否套染	色卡
B6	第一次	5∶1	20	10	1	2	1	否	否	13-1404 TPX
B7	第二次	5∶1	20	10	3	2	1	否	否	17-1341 TPX
B8	第三次	5∶1	20	10	5	2	1	否	否	17-1524 TPX
B9	第四次	5∶1	20	10	10	2	1	否	否	17-1514 TPX
B10	第五次	5∶1	20	10	15	2	1	否	否	18-1435 TPX
B11	第六次	5∶1	20	10	20	2	1	否	否	18-1630 TPX

表4-16　棉在染红实验中的数据变化（厚棉）

色号	染制次数	染料浓度	温度（℃）	加热时间（min）	浸泡时间（min）	日晒时间（h）	冲洗次数（次）	媒染剂	是否套染	色卡
B12	第一次	5∶1	19	10	3	2	1	否	否	14-1311 TPX
B13	第二次	5∶1	19	10	5	2	1	否	否	14-1312 TPX
B14	第三次	5∶1	19	10	10	2	1	否	否	16-1330 TPX
B15	第四次	5∶1	19	10	15	2	1	否	否	17-1524 TPX
B16	第五次	5∶1	19	10	20	2	1	否	否	16-1522 TPX
B17	第六次	5∶1	19	10	25	2	1	否	否	17-1524 TPX

表4-17　棉在染红实验中的数据变化（阴干）

色号	染制次数	染料浓度	温度（℃）	加热时间（min）	浸泡时间（min）	日晒时间（h）	冲洗次数（次）	媒染剂	是否套染	色卡
B18	第一次	5∶1	26	15	5	4	1	否	否	16-1516 TPX
B19	第二次	5∶1	26	15	10	4	1	否	否	17-1336TPX

表4-18　棉在染红实验中的数据变化（阴干漂洗）

色号	染制次数	染料浓度	温度（℃）	加热时间（min）	浸泡时间（min）	日晒时间（h）	冲洗次数（次）	媒染剂	是否套染	色卡
B20	第一次	5:1	26	10	3	4	2	否	否	14-1311 TPX
B21	第二次	5:1	26	10	5	4	2	否	否	15-1516 TPX

表4-19　棉加绿矾后泡碱水在染红实验中的数据变化

色号	染制次数	染料浓度	温度（℃）	加热时间（min）	浸泡时间（min）	日晒时间（h）	冲洗次数（次）	媒染剂	是否套染	色卡
B22	第一次	5:1	24	10	10	4	2	绿矾	泡碱水	16-3817TPX
B23	第二次	5:1	24	10	30	4	2	绿矾	泡碱水	19-1533TPX
B24	第三次	5:1	24	10	50	4	2	绿矾	泡碱水	19-1524TPX

表4-20　棉加绿矾在染红实验中的数据变化

色号	染制次数	染料浓度	温度（℃）	加热时间（min）	浸泡时间（min）	日晒时间（h）	冲洗次数（次）	媒染剂	是否套染	色卡
B25	第一次	5:1	24	10	3	4	2	绿矾	否	17-1633 TPX

续表

色号	染制次数	染料浓度	温度（℃）	加热时间（min）	浸泡时间（min）	日晒时间（h）	冲洗次数（次）	媒染剂	是否套染	色卡
B26	第二次	5∶1	24	10	5	4	2	绿矾	否	17–1522 TPX
B27	第三次	5∶1	24	10	10	4	2	绿矾	否	17–1723 TPX
B28	第四次	5∶1	24	10	20	4	2	绿矾	否	18–1725 TPX
B29	第五次	5∶1	24	10	30	4	2	绿矾	否	18–1718 TPX

从染色实验的颜色对比中可以看出媒染剂对染料的影响。调节溶液的pH值，会改变染料上色快慢的情况，但是当染料到达一定的pH值，对染料的作用则不大。面料纤维结构的属性不同，上色牢度和颜色色阶是不一样的，实验中上色的总结如下：

（1）植物染料颜色渗透进入面料的速度较为缓慢，所以需要反复染色多次。

（2）加入不同的媒染剂可以改变面料与染料之间的亲和度。

（3）面料与染料结合的容易程度与面料的前处理有关，有些面料处理后会更加容易染色。

以上为植物染基础染色实验，根据实验结果，我们将拓展实验的范围。

第五章

岭南植物染设计与创新实践

本章从植物染实验和设计创作角度出发，在染料种类、染色肌理、图案、风格四个方面，提供了多个实验和创作案例。

第一节

从染料出发的染色实验

一件织物作品给人最直观的感觉来源于色彩，而染色作品的色彩设计要从染料出发，首先要认识什么材料可以染出什么颜色，什么媒染剂可以影响这个染料所染的颜色。

植物染最常见的染料是中草药，但其实我们经常吃的水果、蔬菜也可以作为植物染的染料。

一、中草药

（一）艾草

艾草直接煮染的染液颜色偏黄，无法染出绿色，而通过加入绿矾萃取过滤后的染液，绿色素较多，染液也较为浓厚。端午节前的艾草较嫩，可染出偏绿的颜色，越成熟的艾草煮染后的颜色越偏褐色。颜色的深浅受煮染时间、染液浓度影响，染液越浓，颜色越深。染液萃取时需要多过滤几遍。煮染和绿矾媒染后可得到不同的绿色（图5-1）。

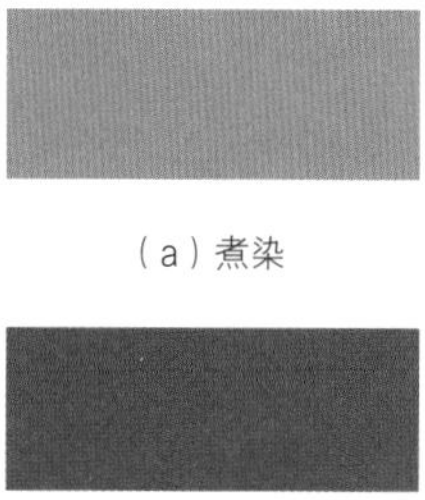

（a）煮染

（b）加绿矾

图5-1　艾草染色色卡

艾草加媒染剂绿矾的实验步骤：

（1）艾草加2倍的水，煮30分钟左右。其间将5g绿矾溶于2L清水，将布料放入绿矾水中媒染20分钟。

（2）将煮好的染液过滤出来。将媒染好的布料拧干投入染液浸染，其间要不停翻动，以免染色不均。

（3）浸染30分钟后，将布料取出，用水漂洗，直至水清。然后在阴凉通风处晾干即可。

（二）莲子壳

莲子壳可作为植物染的染料，直接煮染是米驼色，加入明矾媒染后会偏褐色，加入蓝矾是浅咖啡色，加入绿矾后颜色最深，近于黑色（如图5-2）。

图5-2　莲子壳染色色卡

二、水果

除了中草药可以染色，越来越多的人在水果蔬菜中寻找可以作为植物染的材料，下文列举一些可以作为植物染材料的水果。

（一）石榴

石榴皮可作为植物染的染料，直接煮染是偏奶油质感的黄色，加明矾媒染后是偏黄色的褐色，加入蓝矾是绿色，加入绿矾后近于黑色（图5-3）。

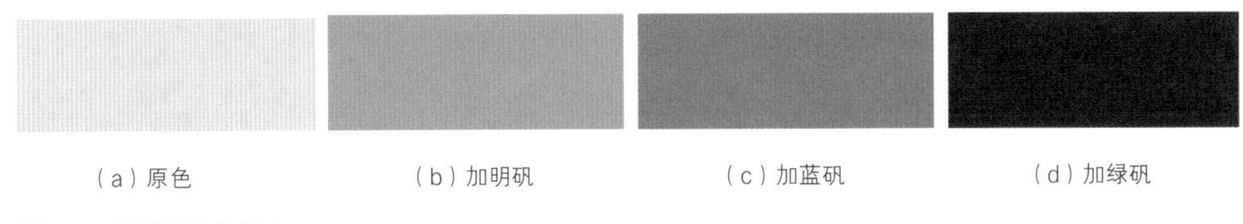

图5-3　石榴皮染色色卡

（二）牛油果

成熟的牛油果的果壳和果皮可用作植物染的染料。不添加媒染剂的染液可染出粉红色，加入明矾的染液可染出灰红棕色，染液中加入绿矾会染出不同的绿色，如灰绿、橄榄绿等，根据面料的不同，染色时间的不同，绿色的明度会变得不同。如图5-4所示，从左到右依次为无媒染、原染液加明矾、绿矾的效果，浸泡时间为15小时以上。

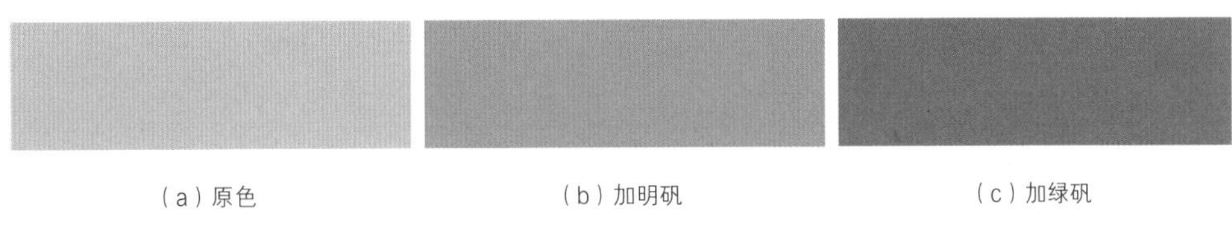

图5-4　牛油果染色色卡

（三）葡萄

剥好的葡萄皮可用作植物染的染材，在没有加媒染剂染色的时候上色程度差，颜色偏灰，呈浅紫色。加了明矾之后，上色效果明显，呈紫粉色。葡萄皮中的红色素为花色苷类色素，这种色素在染色时候的色调会随pH值的变化而变化，酸性时偏紫，碱性时偏蓝（图5-5）。葡萄皮染色附着性和耐热性不强，容易氧化变色。

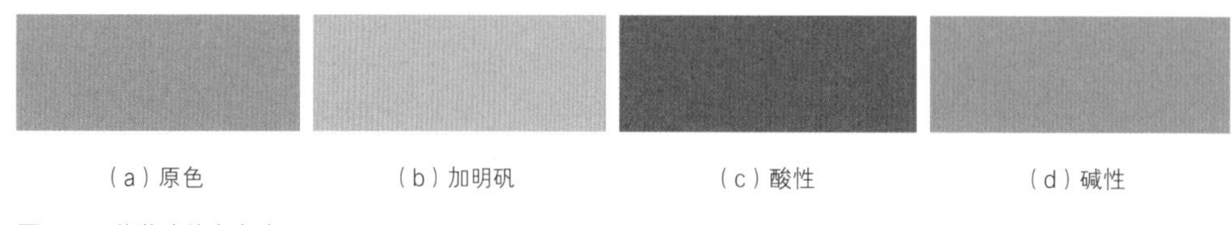

（a）原色　（b）加明矾　（c）酸性　（d）碱性

图5-5　葡萄皮染色色卡

（四）火龙果

用白肉火龙果的果肉作为染料，加入绿矾能染黄色。加入明矾能染淡黄色，但是上色不明显（图5-6）。

（五）山竹

山竹壳可作为植物染的染料。将山竹外壳掰成小块后萃取染液，加入明矾染后颜色偏浅，加入绿矾染出深灰色，加入蓝矾呈黄褐色（图5-7）。

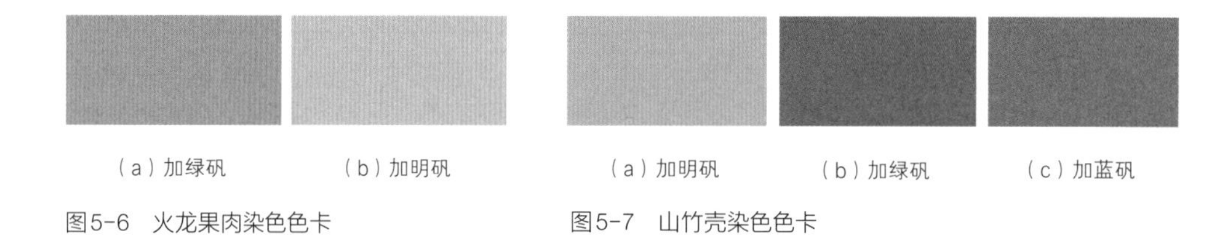

（a）加绿矾　（b）加明矾

图5-6　火龙果肉染色色卡

（a）加明矾　（b）加绿矾　（c）加蓝矾

图5-7　山竹壳染色色卡

（六）橙子

萃取橙子染液要先把橙子切开榨出橙汁，加入明矾可得到黄色，加入蓝矾染液变绿，染出的颜色偏浅绿（图5-8）。

（a）加明矾　（b）加蓝矾

图5-8　橙子染色色卡

（七）桑葚

桑葚可直接榨汁作为染料，桑葚汁是紫红色，加盐固色后染出的颜色为浅粉色（图5-9）。

图5-9 桑葚染色色卡

（八）红鳞蒲桃

红鳞蒲桃的果实可作为植物染的染料，没有添加媒染剂染出的颜色为粉紫色，加入明矾后染出较为鲜艳的粉色，加入蓝矾是土红色（图5-10）。

（a）原色　（b）加明矾　（c）加蓝矾

图5-10 红鳞蒲桃染色色卡

三、蔬菜

除了中草药和水果，蔬菜也可以用来染色。

（一）番茄

把番茄去蒂，切成小块，放入榨汁机内榨成汁，萃取染液。原染液会染成浅肉色，加入明矾后颜色会变淡，加入绿矾染成浅灰色，加入蓝矾变成浅紫色（图5-11）。

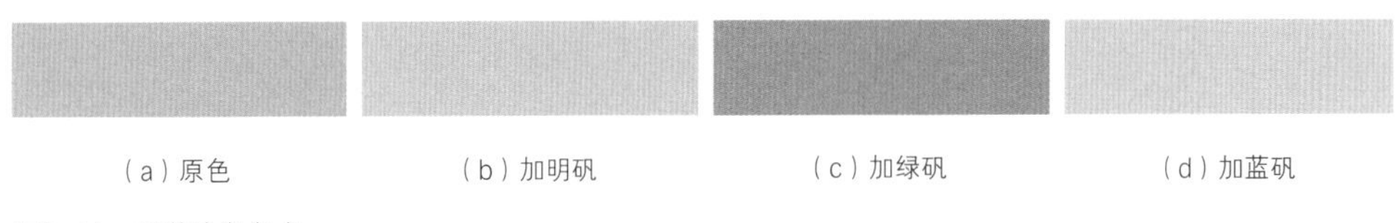

（a）原色　（b）加明矾　（c）加绿矾　（d）加蓝矾

图5-11 番茄染色色卡

（二）紫甘蓝

紫甘蓝泡水后呈蓝色或紫色，水煮开时呈深紫色。直接煮染可以染浅灰蓝色，加入明矾后变紫，加入蓝矾后变深蓝色（图5-12）。

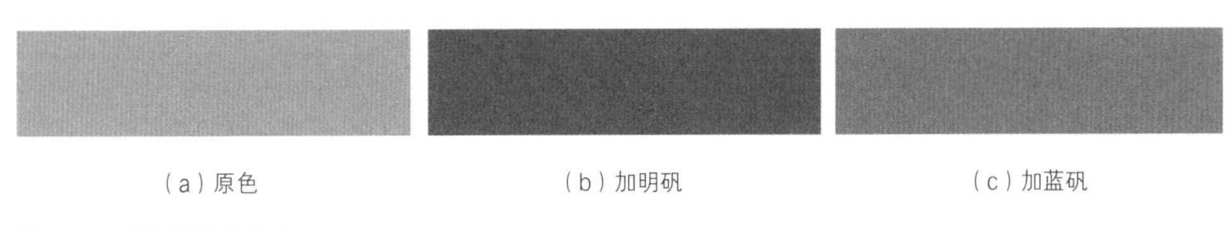

（a）原色　（b）加明矾　（c）加蓝矾

图5-12 紫甘蓝染色色卡

四、染料设计实践

在了解了材料可以染出的颜色之后，就可以开始进行染料设计实践了。

（一）紫甘蓝吊染手工编织桌旗

根据实验得出紫甘蓝可以染出的颜色，以及紫甘蓝加入不同的媒染剂可以变色的特点，设计出纯度较高的紫色渐变到略带小清新的蓝色的两个桌旗。

先把两个桌旗的设计效果图与设计工艺图绘制出来（图5-13、图5-14）。

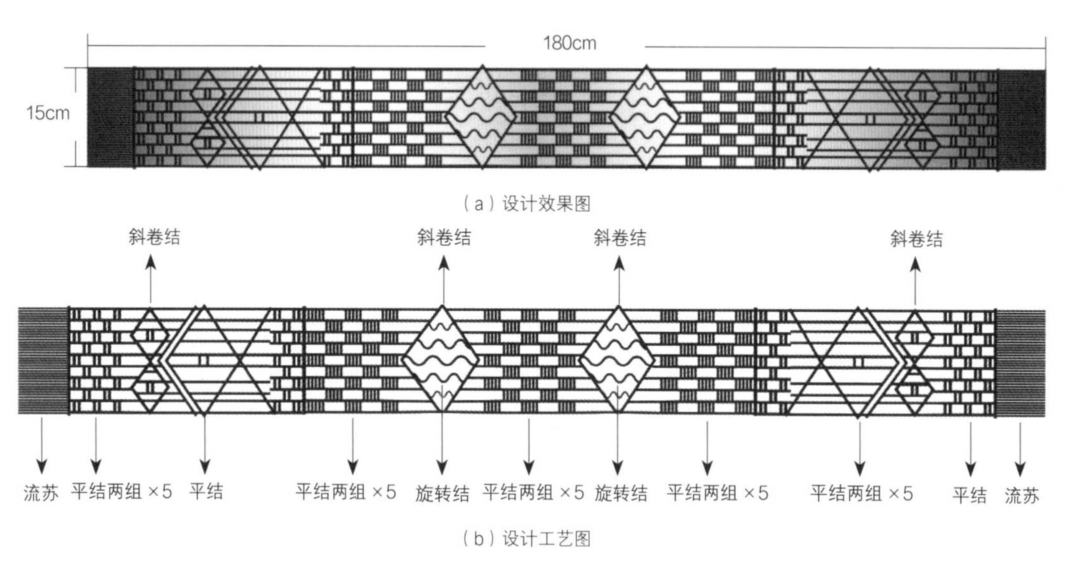

图5-13　桌旗一设计效果图和工艺图

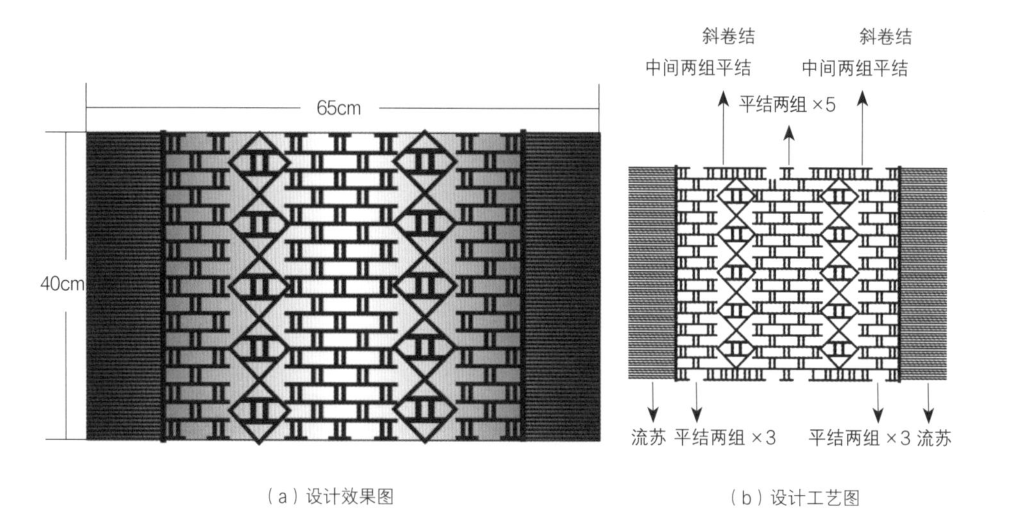

图5-14　桌旗二设计效果图和工艺图

调制染液和桌旗染色，制作过程如下（图5–15）：

（1）紫甘蓝洗净切丝。

（2）紫甘蓝与水的比例为2∶1，放入榨汁机中榨汁。

（3）取出汁液，用纱布或漏网隔渣，反复多次隔渣后得出染液。

（4）用电子秤称取10g明矾，用锤子敲碎，加入紫甘蓝染液中。

（5）把棉绳捋顺，用100℃沸水煮30分钟后用清水浸泡30分钟（脱浆）。

（6）将绳子取出，晾晒干后编织。

（7）对编织物进行吊染，染的过程中要不断揉按棉线，使染液渗透进去。

（8）染色后用清水冲洗一下，然后晾干。

成品展示见图5–16。

（a）榨汁

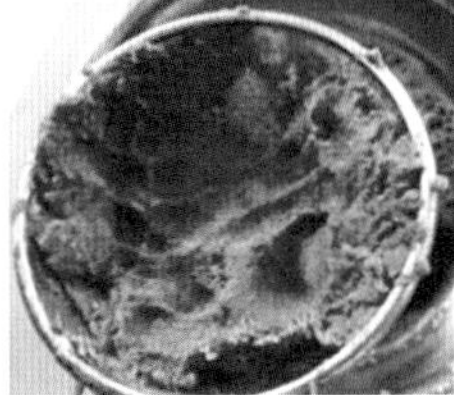

（b）隔渣

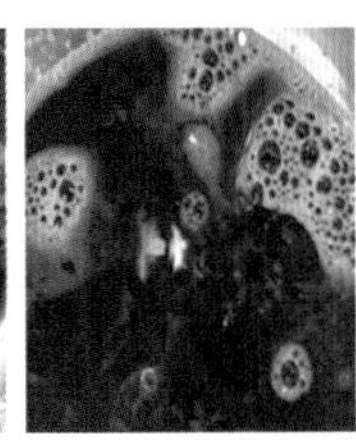

（c）染液

（d）脱浆

（e）编织

（f）吊染

图5–15　紫甘蓝桌旗染色过程

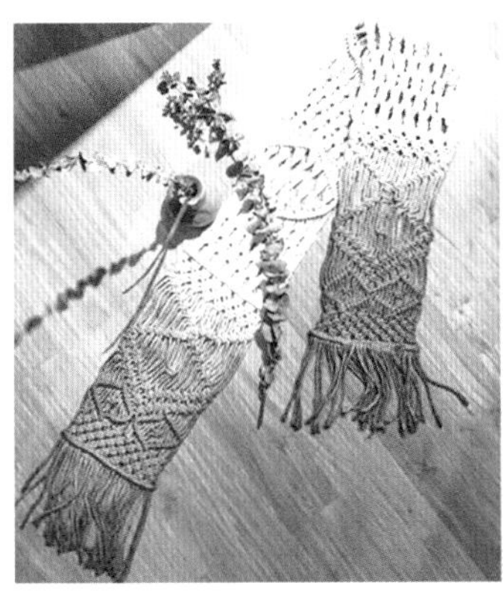

（a）桌旗一

（b）桌旗二

图5–16　紫甘蓝桌旗成品

这两个桌旗运用吊染的方法。染色过程中需要上下拉动吊挂的织物，越接近染液一侧的部位，染色时间越长，颜色也就越深。除了整件成品吊染外，还可以先将织片部件进行渐变染色，再进行组合。

（二）苏木吊染手工编织壁挂

依据苏木实验结果，我们选取了苏木可以染出的红与粉色来达到吊染壁挂的颜色渐变效果。红色到粉色的渐变可以使整个作品显得清新自然，充满着少女心。

苏木染手工编织壁挂制作过程如下（图5-17）：

（1）用电子秤称取40g的苏木，清洗后切碎，加入一定量的蒸馏水，料液比为 1：20～1：40，即蒸馏水1.5L左右，染料在室温下浸泡1小时。

（2）将麻绳放进沸水中煮，让麻绳在高温中脱浆，去除麻绳中的杂质后更容易均匀上色。

（3）用电磁炉把之前浸泡好的苏木和水加热，煎煮20~30分钟，可得一定量的苏木染液。煮好的染液用纱布或者网筛将苏木杂质隔离，放凉备用。

（4）麻绳是渐变的效果，所以将麻绳放进染液中吊染，浸泡的过程中要用手揉按麻绳，让麻绳能够更均匀地上色，麻绳的颜色会从最浅的粉红色渐变到紫红色，浸泡20分钟后将其捞起放到阳光下晾晒30分钟。

（5）重复步骤（3）和（4）再染一次。

（6）将一部分染液保存好，剩余的染液分开两份，分别放入明矾与蓝矾，可以发现放入蓝矾的染液较深，放入明矾的染液没什么变化。

（7）将一小部分第二次染的麻绳分别放入带有明矾和蓝矾的两种染液中，明矾染液中的麻绳最深的颜色变成深橘色，蓝矾染液的麻绳变成棕褐色。

（8）在浸泡过程的最后放入少许盐，让麻绳固色。

成品展示见图5-18。

（a）煮染液

（b）隔渣

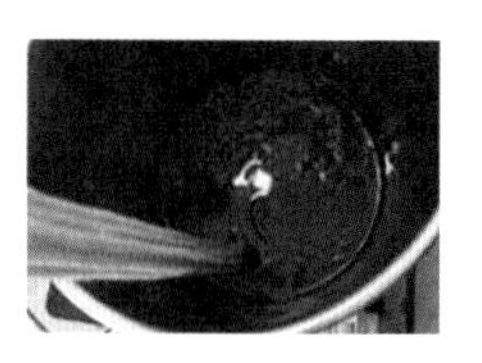

（c）吊染

图5-17　苏木染色过程

图5-18　苏木染手工编织壁挂成品图

第二节

从肌理出发的染色实验

不同的面料呈现的肌理有所不同，不同的技法所呈现的肌理也是不同的。在确定了作品的色彩后，我们可以从肌理效果出发来进行实验。

一、冰纹肌理

如图5-19所示的冰纹肌理效果，是创作者运用扎染的手法，通过较细的绳子在面料上环形绑结塑造出来的。蜡染也可以出现冰纹的效果。

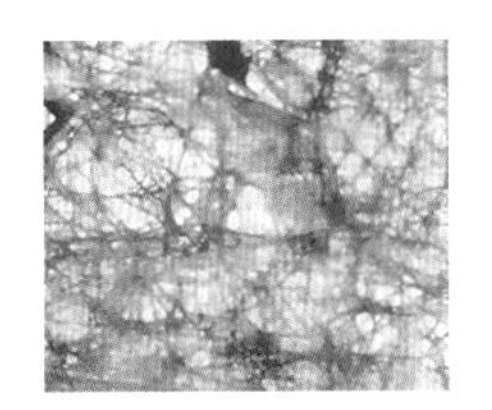

蜡染冰纹

图5-19　冰纹肌理

二、大理石花纹肌理

如图5-20所示的肌理是随意抓取面料的一个局部位置，然后把整块面料揉搓成一团，再用绳子将这一团面料缠绕打结，这样染出来的图案就会出现大理石花纹的效果。这种随意抓扎染色的方法出现的纹样随机性较强，对作品的结果不能完全人为设计或控制，但是每一次作品的纹样效果都是不一样的，这又是非常艺术性的表达。

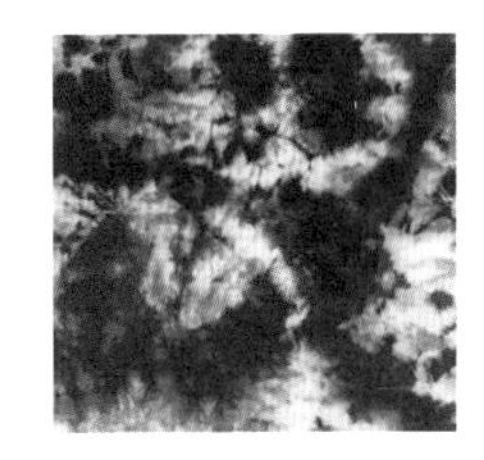

图5-20　大理石花纹肌理

三、褶皱肌理

如图5-21所示出现的褶皱肌理，是创作者运用折叠和捆扎的手法制作出来的。在染色的时候，因为面料是褶皱状态，所以会出现着色不均匀的情况，因此染出来的单色作品会出现多种色阶。多彩的作品色彩斑斓，独特的褶皱肌理充满随机性，并有微小的弹性，呈现一定的立体效果，给创作者提

图5-21　褶皱肌理

供更多的创作思路。

四、浮雕肌理

如图5–22所示面料的浮雕肌理与上图的褶皱肌理的制作方法类似，也是通过折、捆、缝等手法制作。浮雕肌理与褶皱肌理是同时存在的，浮雕肌理相比褶皱肌理，凹凸程度更明显，立体感更足。

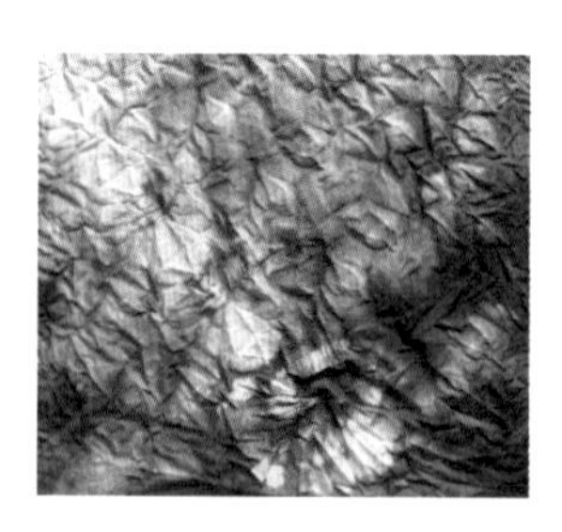

图5–22　浮雕肌理

五、渐变肌理

如图5–23（a）所示是渐变的肌理效果，创作者运用吊染加上滴染做出渐变效果，从上往下一层一层地套染，面料的颜色就会呈现出越往下越深的渐变效果，再加上滴染就可以呈现更多层次的变化。

如图5–23（b）所示是滴染形成的渐变肌理，滴染的渐变效果会比吊染的渐变效果细腻一些。

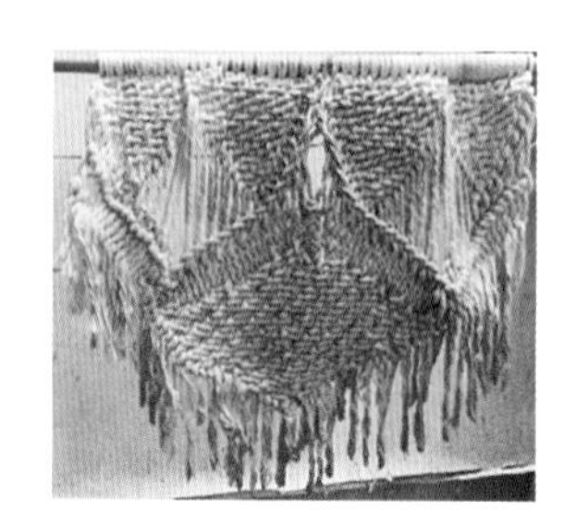

（a）吊染加滴染渐变

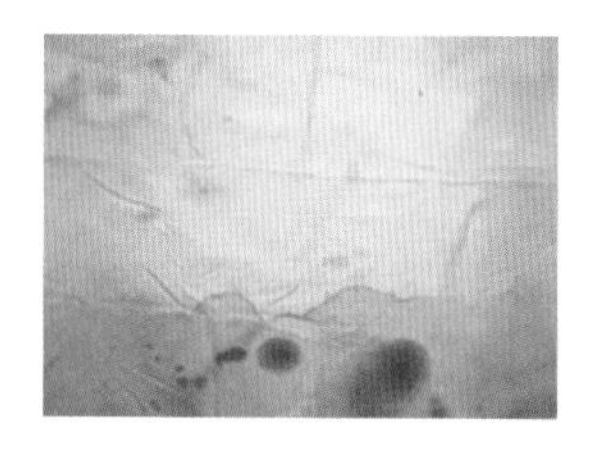

（b）滴染渐变

图5–23　渐变肌理

六、组合肌理

很多染色作品不会是单一的肌理效果，更多的是各种肌理的组合，组合肌理的作品更容易表达出创作者的想法。

如图5–24所示类似于泼墨的肌理，是用描染的手法，将点与线组合制作出来的，黑色的染料是创作者调好的薯莨染液，运用塑胶吸管工具把薯莨染液描绘在面料上面，描绘出自己想要的肌理效果。由于描绘工具不同，绘制出的肌理也会不一样，如描绘的工具比较小巧，类似于用笔描绘的感觉，会使描绘者对作品肌理效果更能把握。

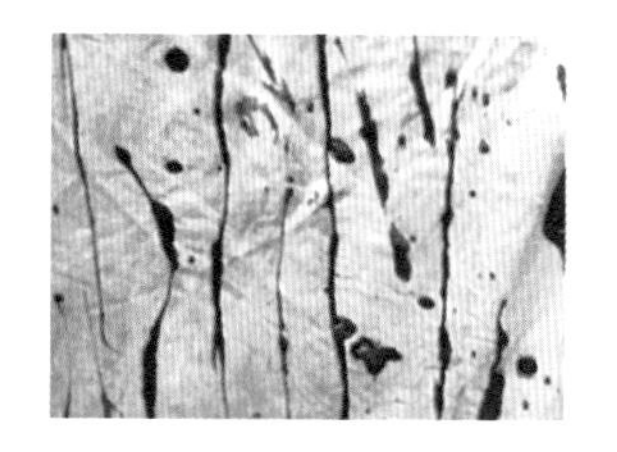

图5–24　泼墨肌理

如图5–25所示是运用筷子卷缩法创作的扎染肌理装饰画。用筷子卷缩法制作的肌理效果，像一片海滩般有着渐变颜色，

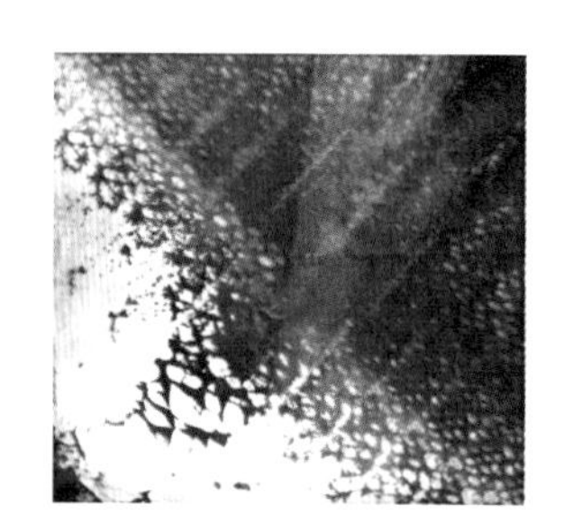

图5–25　筷子卷缩法肌理成品M

有如海中有干沙、湿沙和海水，层次丰富更有特色。

制作材料与工具：靛蓝100g、还原剂300g、上色剂200g、白酒150mL、太古油100mL、白棉布、棉绳、剪刀、筷子、塑料桶、染桶。

制作过程：

（1）调制染料。准备好塑料桶并装上常温清水，将靛蓝染料与相应的太古油、白酒一起倒入塑料桶内，加入开水一起搅拌5分钟后，再倒入装有常温清水的桶内。将上色剂倒入桶内，拿出pH试纸测量pH值，如果达不到11～13便要继续加入上色剂直至到达数值。加入对应数值的还原剂，轻轻搅拌，待染料变成墨绿色。

（2）用筷子卷缩法捆扎白棉布。首先将棉布对角两侧用筷子卷起来，两边卷到中点成一长条即可。将卷好的布料两端往筷子中间拥挤，直到布料卷得很紧出现许多褶皱，再用绳子紧紧缠住筷子两端。将筷子先用清水彻底浸湿，然后放入染桶内，露出顶端的一个小角不染。

（3）布料下染桶浸泡15分钟，然后拿出来在空气中氧化，直到绿黄色变成蓝色。大约氧化10分钟后放进染桶内继续染。染完5次后用清水洗去布上的浮色，再把布拆散摊开，放在阴凉的地方晾干。

（4）把晾干的布整理好，装裱在相框里面。

第三节 从图案出发的染色实验

一、图案基础实验

一个图案的构成要素有点、线、面，这些要素也是染色图案的基础，所以一开始我们要了解和掌握如何染出这些基本图案（要素）。

（一）点状图案

如图5-26所示，将面料捆扎起来创作出一个个圆点，以点作为主体制作图案。

（二）线状图案

如图5-27（a）所示出现的像小碎花的效果，是通过缝扎的手法制作出来的，缝完之后进行缝线拉扯，拉扯紧的地方有防染的效果，拉扯完绑好结之后放到染缸里去染色，这样就能制作出来小碎花的纹样了。图5-27（b）用平缝法，从点开始缝，缝的点多了就形成了线。图5-27（c）用折叠法，把面料折叠好之后用长条状木板夹住形成条形。

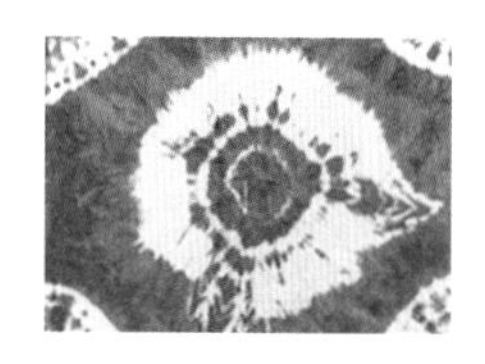

同心圆

图5-26　点状图案

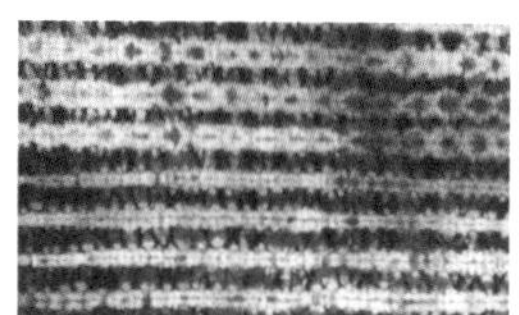

（a）缝扎法线状

（b）平缝法线状

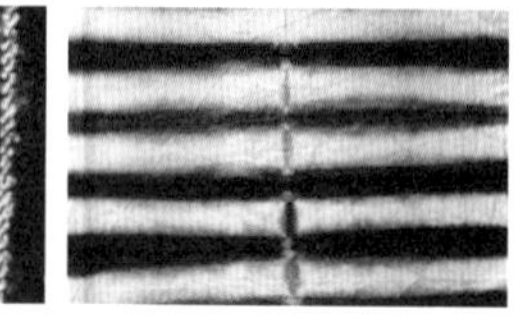

（c）折叠法线状

图5-27　线状肌理

（三）规则形态的面

如图5-28所示是使用折叠法染制出来的三角形，先把布折叠成长条状，然后将长条折成三角形，用绳子绑住染色，就可以染出图中的三角形了。

（四）点线面综合表达

1.拼布

如图5-29所示是运用综合技法创作的拼布作品，这幅作品以开平碉楼为主题背景，融合了点线面的图案，通过对碉楼文化的理解，从中提取相关元素进行抽象化的创作。开平碉楼具有非常重要的历史意义，是过去民众为躲避土匪、台风暴雨和洪涝灾害，谋求自保而修建的。

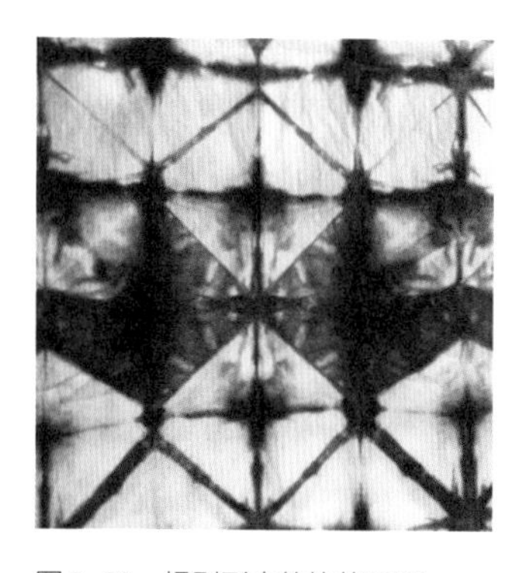

图5-28　规则形态的块状肌理

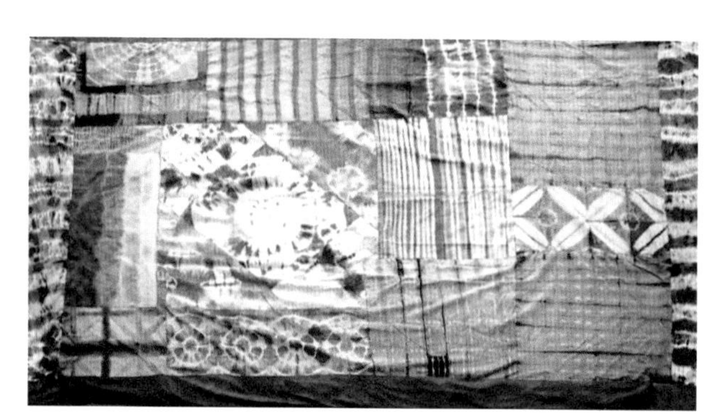

图5-29　拼布成品图

制作过程：

（1）准备若干块白棉布、调制好的染料、绳子、筷子、棕榈树枝、染料桶。

（2）先制作第一个图案（图5–30）。裁剪一块正方形的布，图案以正方形的正中心为中心点，把布扭转、收紧，用绳子或者是橡皮筋扎紧，然后放进染缸里着色。制作出的图案由许多个圆圈组合而成，正如一个飞镖靶子，体现民众绝不向盗匪、恶劣的自然灾害低头的精神，暗示着碉楼作为防匪防涝灾之用。

（3）第二个图案（图5–31）运用了碉楼元素中窗口和屋檐上的装饰。取一块干净的白布，通过三次对折之后，用两根棕榈树枝固定并用绳子绑紧，在一角绑一圈，最后放到染缸中着色。

（4）第三个图案（图5–32）象征着开平山水交融的元素。将长条的布条像折纸扇一样纵向折起来，设想好染色区和留白区，将留白区扭紧缠折，再用橡皮筋绑紧。

（5）根据以上方法做出更多具有抽象性图案的布块（图5–33）。

（6）收集整理所有扎染小片布料，把具有观赏性的布料摆好位置，然后将布料拼接缝合。

图5–30　圆圈染色

图5–31　方形染色

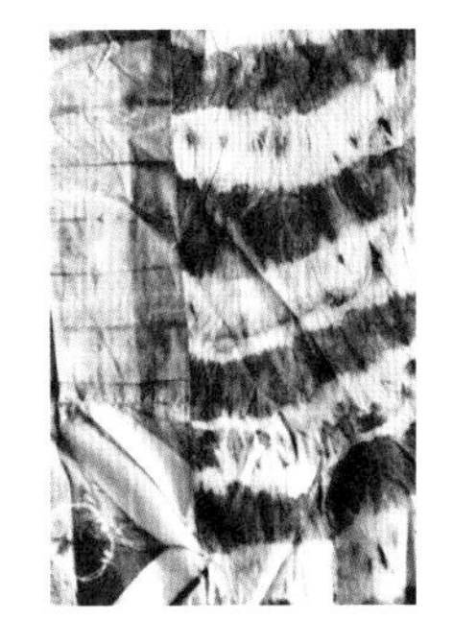

图5–32　条纹染色

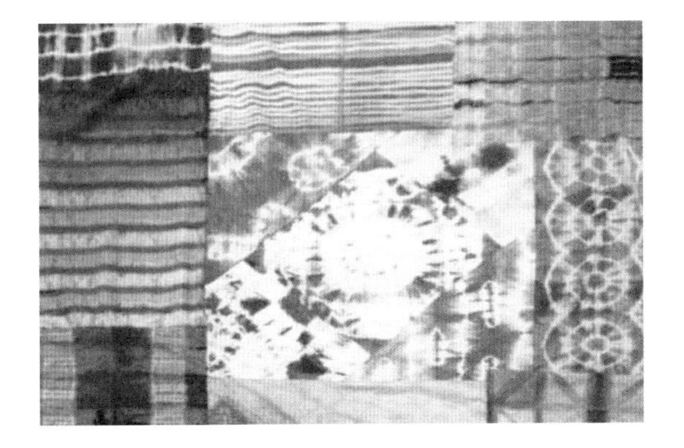

图5–33　抽象图案组合

2.桌布

图5–34是综合运用多种扎染技法染成的桌布，成品总体呈现为二方连续图案，因染料渗透不均匀，在规则图案中又带有一点色彩渐变的美，很耐看。

制作过程：

（1）裁剪出一块170cm × 90cm大小的白坯布。

（2）将白坯布折叠，熨烫平整。

（3）用水消笔在中间位置画菱形图案，利用缝纫机缝制（图5-35）。

（4）在布条上随机画出一定间距，定好位置后，用橡皮筋捆扎。

（5）将布条末端夹在两块木板之间，两板对齐，紧贴布条边缘用力捆扎。

（6）将末端的面料自由拧卷起来，拧完后再用橡皮筋固定（图5-36）。

（7）将其放到冷水中浸泡，完全湿透后再放进染缸中，浸泡15～20分钟。

（8）捞出氧化10～15分钟，再放进染缸中浸泡，以上步骤重复3～4次。

（9）染好后，用冷水冲洗（图5-37）。

（10）利用拆线器及剪刀，将线和橡皮筋拆开。

（11）再次用冷水冲洗，晾干后用熨斗熨烫，最后在边缘处包边缝制（图5-38）。

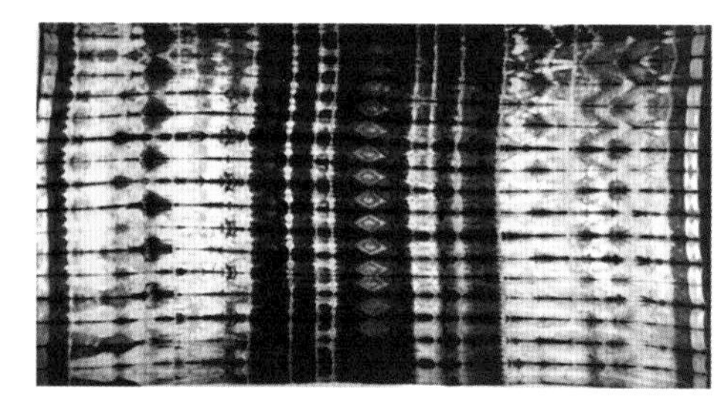

图5-34　桌布成品

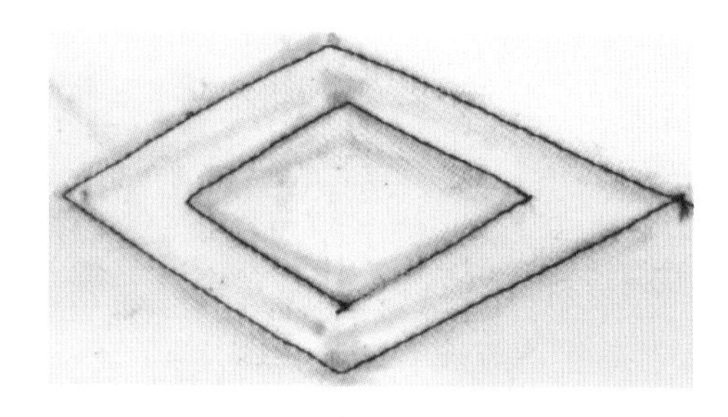

图5-35　绘制与缝制菱形

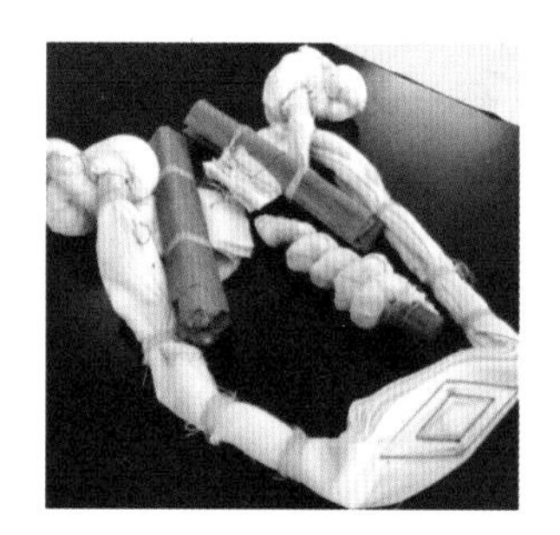

图5-36　用橡皮筋固定面料

图5-37　冲洗染好的面料

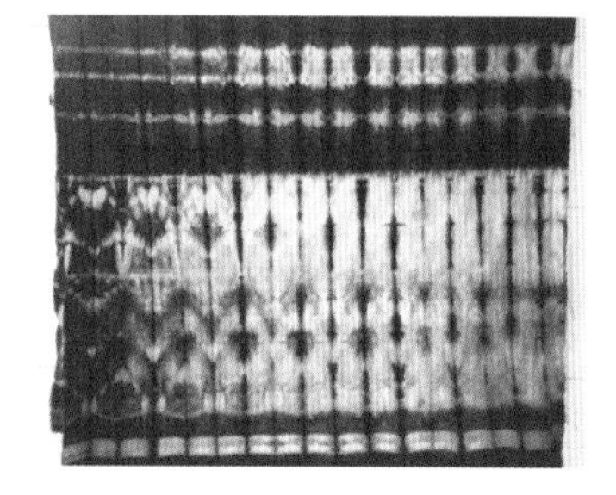

图5-38　晾干与包边缝制

二、具象图案

染色的图案题材有很多，其中具象图案题材占很大比例，主要来源于随处可见的事物，如当地的山河美景以及花草树木都可作为元素进行图案的设计与染色，也有借鉴神话传说、自己民族信仰的神灵或者民俗来创作图案的。随着时间的推移，人们对社会和自然认知的加深，创作图案的元素也越加丰富。创作者从丰富的素材入手，选取合适的素材进行分析、比较、抽象、提升并设计出图案，再通过染色技法来制作作品。

具象图案是不单具有造型识别性还带有视觉审美性的图案。具象图案通过提取、概括和适当夸张题材形象使其特点突出，所以题材形象虽然进行了不同程度的设计变形，但还是具有较高的可识别度。

以下案例为从具象图案出发的设计实践：

（一）蜡染花鸟天堂桌旗

图5-39所示是以蜡染工艺制作的带有自然气息的桌旗。桌旗纹样由花草植物纹样与变形的小鸟图案组合而成，两端的中国古风花朵作为点缀，营造出一种古朴精致的民族风格。图案素材里花鸟元素是比较常见的，作品把花与鸟的形象概括成平面的图形，协调性地铺排，使整体呈现出和谐、生动、统一的效果，构成一幅以花鸟天堂为主题图案的桌旗。

图5-39　蜡染花鸟天堂桌旗

制作材料与工具：针、线、剪刀、熔蜡器、蜡、上蜡笔、熨斗、牛皮纸、染色桶、铅笔、白棉布、量杯、电子秤。染料配备靛蓝粉染料100g、还原剂250g、片状的上色剂200g、渗透剂100mL、米酒100mL（50°以上为佳），按此配比可兑水30～40L（水越少染色越深），可染白布5～10m^2（500～1000g重的面料）。

制作过程：

（1）准备好5L开水，其中1L将还原剂溶解待用；用1L将片状的上色剂溶解待用；将染缸装上30L左右的清水待用（冷水即可）。

（2）将靛蓝粉倒入塑料桶内并加入3L左右的开水稀释并搅拌均匀，然后加入之前准备好的还原剂溶液搅拌约20分钟。

（3）将靛蓝粉溶液倒入染缸搅拌均匀，然后慢慢倒入之前准备好的上色剂溶液（先倒一半，余下备用）搅拌约5分钟后，用pH试纸测pH值，pH值要控制在11～13之间。

（4）染液还原成功后，加入米酒和渗透剂，继续搅拌约10分钟就可以染布了。

（5）按设计好的图案用铅笔在布上起稿（图5-40）。

（6）上蜡前先将报纸铺在底部，以防上蜡时蜡粘到桌子上。把蜡放进熔蜡器熔化，用蜡刀涂蜡绘制图案（图5-41）。

（7）把上完蜡的布放进染料桶染色（图5-42），染色时轻轻翻动布料，以保证染色的色彩均匀，染色20分钟后取出氧化变蓝。为了让桌旗的颜色染得更深一些，可根据情况重复多次染色、氧化的步骤。

（8）把氧化好的布料用清水洗去浮色然后晾干。

（9）脱蜡，将晾干的布夹在牛皮纸间，这样做是为了防止蜡粘到熨斗和桌子上，然后在有蜡的地方来回熨烫，直至脱蜡（图5-43）。

（10）最后进行桌旗的缉缝工作。

图5-40　起稿

图5-41　用蜡绘图

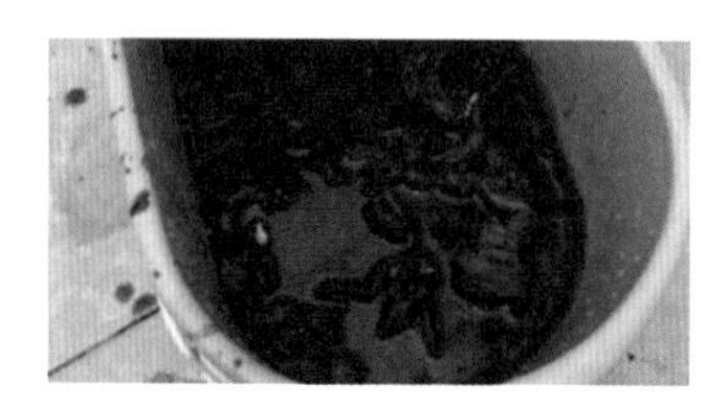

图5-42　染色

图5-43　脱蜡后

（二）蜡染憨象装饰画

如图5-44所示的蜡染画，题材是憨态可掬的大象，对这类形象进行提炼概括时，可充分利用点线面构成关系，使图案造型更简洁、凝练。

制作材料与工具：准备熔蜡器、蜡、蜡刀、铅笔、熨斗、染色桶、调好的靛蓝染料、设计好的图案、白棉布。

制作过程：

（1）根据设计好的图案，在白棉布正面用铅笔打草稿。

（2）打开熔蜡器熔蜡，然后以蜡刀为笔，蘸蜡描绘图案，如图5-45所示。要保证蜡透过布的背面，为的是防止染料渗进织物的表面。而且上蜡的速度要快，防止蜡还没上完就凝固在布的表面。若上完蜡之后发现布后面没上到蜡，可加热蜡刀，放到原来图案位置几秒，布里面的蜡因为蜡刀的温度会再一次熔化渗透进去。

（3）把上完蜡的布放清水里浸泡20分钟左右。

（4）将浸湿过的棉布放入已调好的染料中，染20分钟后将其拿出氧化15分钟，循环操作5次左右即可。

（5）用清水冲洗棉布后，放进热水中脱蜡，然后晾干。

图5-44　憨象蜡染画

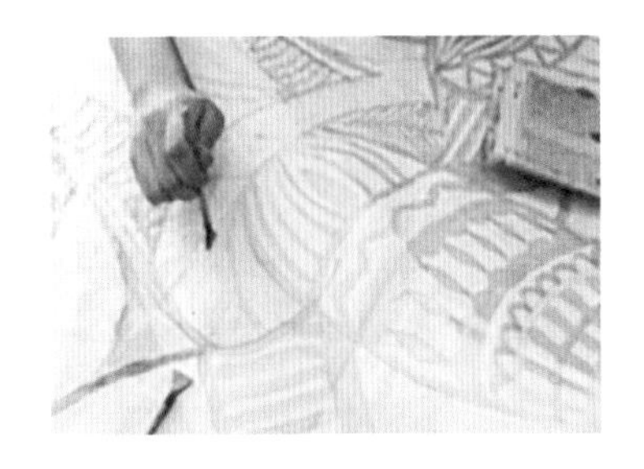

图5-45　蜡绘

图5-46　蜡染T恤

（三）蜡染侨乡文化T恤

除了对物的概括进行创作，风景也可用这种方法来设计，简化场景中的景物。譬如借鉴一些地方特色文化进行图案创作，如图5-46所示的蜡染T恤，分别以开平碉楼和小鸟天堂为元素，以线面的形式概括景物，用蜡染的技法表现侨乡文化。蜡染工艺有一种古朴的韵味，能为作品增添历史感，更具怀乡情。

制作材料与工具：准备熔蜡器、蜡、上蜡笔、染色桶、调好的靛蓝染料、一件纯棉的衣服和设计好的图案。

制作过程：

（1）把图案用铅笔浅浅地画在衣服上。

（2）打开熔蜡器，待蜡熔化后，用笔蘸取适量的蜡沿着铅笔线迹涂蜡，涂的量要适中，不要太薄，否则会被染料渗进去。

（3）涂好蜡后待蜡干透，准备染色。

（4）先用清水浸湿衣服，扭干后再放入染料中浸泡20分钟，再取出来，放在干燥处氧化。

（5）反复浸泡和氧化，得到想要的颜色，便可以取出来洗净染料、残渣和浮色。

（6）待衣服晾干后用开水浸泡衣服，将衣服上的蜡全部脱掉后，把衣服晾干。

（四）蜡染戏剧人物抱枕

以传统文化为主题创作时，可加入一些现代元素融入其中，能为作品带来更多趣味。如图5-47所示的蜡染戏剧人物系列抱枕具有丰富的图案与色彩，突破了蜡染长期固有的蓝白形象，更具视觉冲击力，富有浓郁的民族气息。抱枕图案以戏剧文化人物为主题，选用戏剧人物的Q版造型，搭配蜡染技艺，使新奇可爱的图案具有一丝古朴的韵味。

制作材料与工具：针、线、剪刀、熔蜡器、蜡、上蜡笔、熨斗、牛皮纸、染色桶、铅笔、白棉布、量杯、电子秤、丙烯颜料。染料配备有靛蓝粉染料100g、还原剂250g、上色剂200g、渗透剂100mL、米酒100mL。

制作过程：

（1）准备好5L开水，其中1L将还原剂溶解待用，1L将片状的上色剂溶解待用，装30L左右的清水待用。

（2）将靛蓝粉倒入塑料桶内并加入3L左右的开水稀释并搅拌均匀，然后加入之前准备好的还原剂溶液一起搅拌约20分钟。

（3）将靛蓝粉溶液倒入染缸搅拌均匀，然后慢慢倒入之前准备好的上色剂溶液（倒入一半）搅拌约5分钟，然后检测染液的pH值。

（4）染液还原成功后，加入米酒和渗透剂，继续搅拌10分钟左右就可以染布了。

（5）根据戏剧人物图案，用铅笔在布上面起稿。

（6）起好稿后，用丙烯颜料为图案上色（图5-48），再把图案封蜡防染。

（7）用清水浸湿布料，扭干后放入染料中浸泡20分钟，取出来氧化。

（8）反复浸泡和氧化，颜色足够深后用清水冲洗，晾干。

（9）晾干后用刮刀把布面上比较厚的、可以直接刮掉的蜡先刮掉，然后熨烫脱蜡，会有一些残余的蜡，再用温度较高的热水洗涤，确认布面上的蜡脱干净之后将布料阴干。

（10）裁剪布料，进行抱枕套的缝合。

图5-47　蜡染戏剧人物抱枕

图5-48　上色

（五）少女系花草装饰画

在制作有多种色彩和晕染效果的图案时，直接使用绘画的方式，可以更灵活地表现。如图5-49所示的花朵，是用毛笔等工具，把染料当成颜料，在面料上直接绘画制作的，效果如水彩画。

制作材料与工具：准备各色染色植物若干、滤袋、加热器、煮锅、捣药器、毛笔、滴管、针线、剪刀和白棉布。

制作过程：

（1）把各色染色植物分别放入捣药器中捣碎，然后放入滤袋里用水煮出汁液来，制作出多种染色剂以备用。

（2）在制作染液时，剪下一点白棉布放入红色的染液中煮染上色，棉线也放入各种染液中煮染上色，染完后清洗晾干。

（3）使用滴管在白棉布上滴染，可适当加清水晕色，做出一层浅浅的底色。

（4）用毛笔蘸取染液，在布上绘出花和叶子的大致形状，然后晾干。

（5）在红色棉布上裁剪出几片花朵形状的裁片，以拼布的方式缝在画布上，用各色棉线以刺绣针法描绘花和叶子的边缘。

（六）拓染花草画

有时绘画的工艺方法也会因制作者的绘画功底不足而受限制。想要制作出类似于上图的效果，也可用拓染的方法实现。如图5-50所示面料上印花般的花卉图案，是设计师通过拓染的方法染上去的，即先将想要染色的植物摆放好后夹在两块面料中间，通过敲打，让植物的形状显现出来，然后过盐水将其固色。

制作材料与工具：准备锤子、白棉布、食盐和汁液丰富的植物若干。

制作过程：

（1）在白棉布上摆放好植物，摆好后盖一层棉布在上面。

（2）在布上敲打出植物的外形，敲打时尽量保持布面平整。

（3）把布块放入盐水中固色，然后晾干。

图5-49　少女系花草装饰画

图5-50　拓染花草画

三、几何图案

几何图案是形象经过了变形之后形成的，因为进行了概括和变形处理，图案的抽象化、程式化程度较高，有时会重复排列，具有节奏感和韵律感，装饰效果强。

（一）渐变格纹帆布袋

图5-51所示的帆布袋是运用筷子进行扎染的。扎法是在面料的两对角分别放一根筷子，然后从两对角卷起来，再把另外两个对角折进来，用绳子在两边缠绕打结，如图5-52所示。由于卷在里面的面料染液渗透不进去，就会出现渐变的效果。然后手工缝制帆布包。

图5-51 渐变格纹帆布袋

（二）格纹夹染装饰画

图5-53所示的几何图形运用了夹扎法。创作者先把面料按照一定的规律折叠好，然后用木条夹住，再用针缝法把想要的图案缝好，拉扯紧，这样就能够得到有规律的几何图形了。

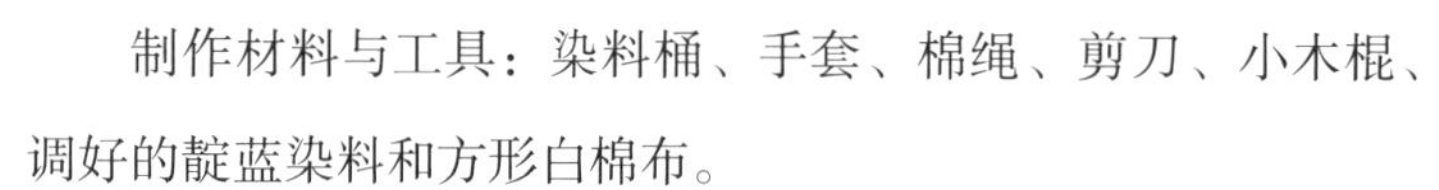

制作材料与工具：染料桶、手套、棉绳、剪刀、小木棍、调好的靛蓝染料和方形白棉布。

制作过程：

（1）先把布块以口风琴折法折成长条状，然后换一个方向重复风琴折法，折成方形，再把方形对折成三角形的布块。用两根小木棍一正一反竖向夹着三角布块的中部，然后在木棍上下两端用棉绳捆紧，三角布块的左右两侧也用棉绳捆扎。

图5-52 捆扎面料

（2）把捆扎好的棉布放入清水中浸泡湿润，再放入染料中，下浸的时候用手持续揉捏布料，让布料更快、更充分地吸收染料。浸泡20分钟后，拿出来在空气中氧化约20分钟。若氧化完毕后颜色不够深，可重复浸染、氧化，以达到自己想要的效果。

（3）染完色后用清水洗去布上的浮色，然后拆除捆绑的东西，打开布块晾干。

图5-53 格纹夹染装饰画

第四节

从风格出发的染色实验

植物染色彩丰富，能进行染色的植物有很多种，同种植物以不同部位的材质染色，产生的风格也各不相同，合理地运用各种工艺能制作出风格多样的艺术作品来。

以下案例为从风格出发的创新设计。

一、写实风格

写实风格的作品通过作品图案来辨别，图案的造型细腻、形象、精致，能够准确、完整地表达出作品的意义和图案的含义。

（一）蜡染花篮抱枕

图5-54所示的蜡染抱枕以花篮为具体图案，是用扎染和蜡染两种技法相结合做出来的，花篮的线迹使图案更清晰地展现出来，蜡染的填充让图案有了更多的层次感。配以素雅的蓝，为摆放抱枕的空间增添静谧之感。

图5-54 蜡染花篮抱枕

制作材料与工具：调好的染料、针、线、剪刀、熔蜡器、蜡、上蜡笔、熨斗、牛皮纸（旧报纸）、染色桶，裁出枕头套相应规格49cm × 49cm的布块。

制作过程：

（1）先用水消笔在白布上绘出图案纹样，打好辅助线（图5-55）。

（2）运用针缝法缝制图案，要求线要紧拉，确保扎染时染料不会渗进图案里。大部分图案运用针缝法，但有小部分图案也运用蜡染法。

（3）先把抱枕套放在冷水中浸泡15分钟，再放入染料中浸染20分钟。20分钟后拿出布料，放在阴凉的地方氧化晾干。需要深颜色的话，可进行多次浸染，最后清洗，晾干（图5–56）。

（4）用剪刀小心拆除染物上捆扎的线，然后熨烫脱蜡，再用热水清洗一遍后晾干。

（5）用白线刺绣花篮图案的轮廓，然后包边、缝合、绱拉链、熨烫、整理。

图5–55　绘图

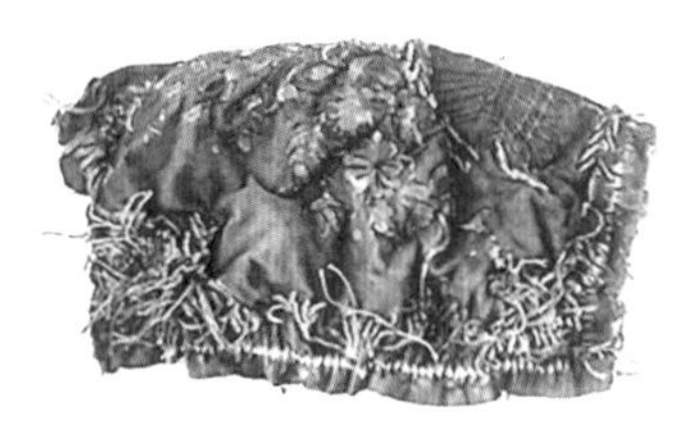

图5–56　染色后的枕套

（二）《残垣》蜡染作品

设计中，在简化物体形象时，可采用夸张手法突出物体的特征，以提升作品带来的直观感受。图5–57所示的作品《残垣》，通过夸张古代马车的形象与城墙形成对比，用蜡染的手法结合冰裂纹的处理，表现出城墙残垣断壁，给人古老沧桑感。

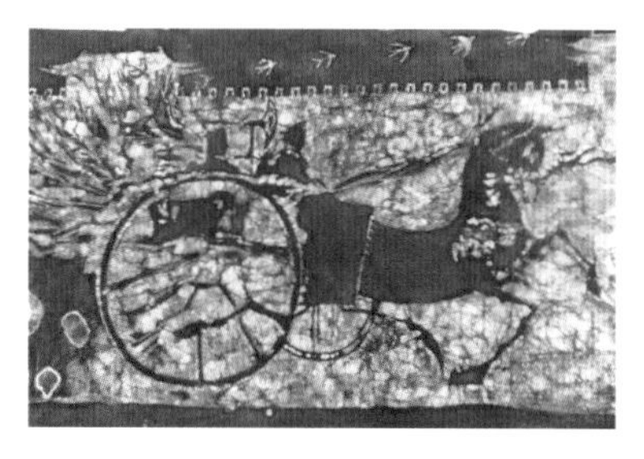

图5–57 《残垣》蜡染作品

制作材料与工具：熔蜡器、蜡、蜡刀、铅笔、熨斗、染色桶、调好的靛蓝染料、设计图案、白棉布、手套。

制作过程：

（1）根据设计好的图案，在白棉布正面用铅笔打草稿。

（2）熔蜡器熔蜡，然后以蜡刀为笔，蘸取蜡液描绘图案。

（3）把上完蜡的布放清水里浸泡20分钟左右。

（4）将浸湿的棉布放入已调好的染料中，染色时轻轻揉搓布块，可加强冰裂纹的效果。浸染20分钟将其拿出氧化，再复染几次加深颜色。

（5）染色后，用清水冲洗棉布，放进热水中脱蜡，然后晾干。

（三）《抗击疫情　致敬英雄》蜡染作品

要制作出极具写实性的作品，是很有难度的，这需要极大的耐心与细心去处理画面的每个细节。创作者可以通过控制染色的深浅来表现光影明暗与空间，体现出物体的立体感，如素描绘画一样，作品的写实性更强，如图5–58《抗击疫情　致敬英雄》所示。

图5-58 《抗击疫情 致敬英雄》蜡染作品，作者：李婉茵

二、写意风格

写意风格的染色作品，是创作者对主题形象进行高度的提炼、简化、概括后，抽象地表达，重在表达创作者的主观情感，强调作品的意境。

（一）《雾凇》扎染作品

扎染作品《雾凇》（图5-59），是创作者对松树的一种高度概括。作品运用扎染手法形成一道道竖纹肌理，如同林中树木，两侧不充分的染色减弱了蓝白两色的对比，犹如迷雾笼罩，作品颇具迷雾森林的感觉。

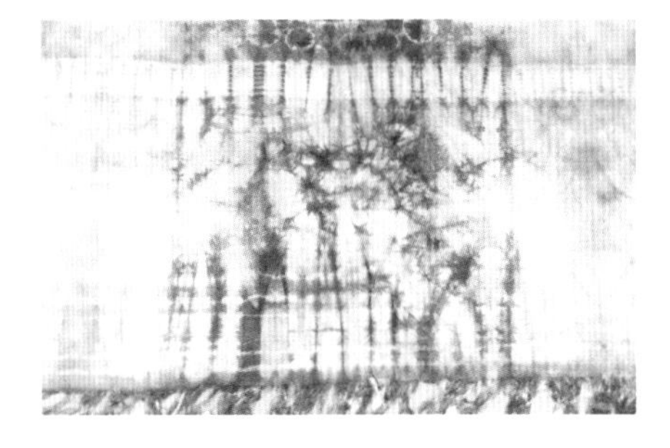

图5-59 《雾凇》扎染作品

制作材料与工具：1块150cm×200cm的白棉布，棉绳、染料桶、调好的靛蓝染料、剪刀、手套。

制作过程：

（1）在棉布底边用抽丝的方法做出两米长的流苏。

（2）将棉布用像折纸扇的方法折叠，用棉绳从上到下将其绑紧。在棉布里塞几个小圆球，然后将其捆紧。

（3）棉布捆扎结束后放入冷水中浸湿，使染料吸收更均匀。

（4）将浸湿过的棉布放入已调好的靛蓝染料中，染20分钟后取出氧化。

（5）把氧化后的布料用清水冲洗，拆除棉布上的缝线，然后晾干。

（二）《麦浪》扎染帆布袋

图5-60所示的帆布袋名为《麦浪》，设计灵感来自麦田，微风吹过，一波又一波

的麦穗随风飘摇，形成金色的海洋。仿佛在田野中漫步，看到明快简洁的麦浪的色彩，一片生机勃勃的景象，让人们产生返璞归真的愿望。这种带有田园风的写意作品恰到好处地满足了现代人们渴望宁静的需求，同时也是人们崇尚乡村，追求自然的一种表现。

图5-60 《麦浪》帆布袋

在工艺上，运用简单的扎染工艺，黄洋葱皮染色，以扎染处染料渗透不均匀形成的肌理体现麦浪翻滚，随意的黄白相间的色彩过渡，使这件作品充满朴实感。

制作材料与工具：染料桶、手套、铅笔、针、剪刀、棉绳、白棉布、煮锅、加热器、量杯、电子秤、过滤网、200g黄洋葱皮。

制作过程：

（1）将黄洋葱皮用清水洗过，去除部分残留的沙土，取200g置于不锈钢锅中，加入2L清水后煎煮以萃取色素（图5-61），萃取时间约为水沸后30分钟，共萃取2～3次。

（2）将各次萃取后的染液经细网过滤后，调和在一起作为染浴备用。

（3）裁剪白棉布，准备制作帆布袋的裁片，用棉绳在帆布袋主裁片上每隔几段距离就横向捆扎一下。

（4）被染物浸泡清水，加温煮10分钟，清水漂洗，拧干、打松后投入染液中染色，染色时升温的速度不宜过快，并随时搅拌，煮染的时间约为染液煮沸后再小火煮半小时（图5-62）。

（5）配备媒染剂，将5g明矾加1L水溶解。

（6）取出被染物，拧干后媒染约半小时（图5-63）。

（7）经媒浴的被染物再入原染液中染色半小时，加食盐用于固色。

（8）煮染之后，被染物取出水洗、晾干。

（9）缝制帆布袋裁片。

图5-61　萃取色素

图5-62　煮染

图5-63　媒染

三、未来风格

比起复古风格，未来风格更加渴望与未来相融，歌颂机械、技术、速度。

（一）X光片元素T恤

如图5-64所示，简单扎染形成以长方形条格为单位的较规则的图案，兼具一定的规则美感，作者利用扎染染色边缘渗透不均的特性形成光感，渗透不均的深蓝与白色形成强烈的对比，如不知拍摄了何物的X光片，带有对物质探索的科学气息。

制作材料与工具：染料桶、手套、橡皮筋、纯棉T恤、调好的靛蓝染料。

制作过程：

（1）将T恤规则或不规则地横向折成长条形状，再用橡皮筋不规则地捆扎（图5-65）。

（2）把捆扎好的T恤放入清水中浸泡湿润，再放入染料中，留出衣服的下摆吊挂起来不染。浸泡20分钟后，拿出来在空气中氧化约20分钟，若氧化完毕后颜色不够深，可重复浸染、氧化步骤，以达到自己想要的效果。

（3）染色后用清水洗去衣服上的浮色，然后拆除捆绑的东西，打开晾干。

图5-64　X光片元素T恤

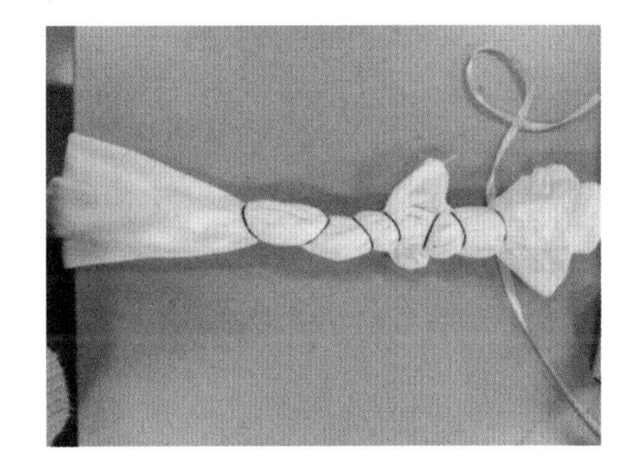

图5-65　捆扎T恤

（二）《骨骼》丝巾

图5-66所示的丝巾设计理念采用方圆相结合的原则，以捆、扎的手法制作扁圆形图案，再通过折叠与夹子制作图案轮廓，结扎技法与上个案例相似，最终呈现圆中带方的设计效果。

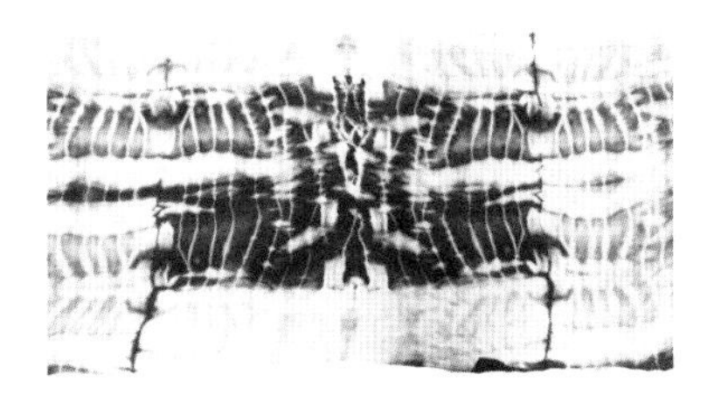

图5-66《骨骼》丝巾

作品图案类似骨骼，中间部分有个似人形的图案，透露着生物科学的诡秘感。

四、海洋风格

清新蓝色和经典条纹是海洋休闲风最重要的元素。植物染中最为常见的蓝染，特殊的技法使颜色具有多样的变化，凉爽的海边，清新的海风，湛蓝的海水，都可以通过蓝染表达，创作出海洋风格的作品。

（一）海洋帆布袋

图5-67的帆布袋运用蜡染技法绘出海洋的纹样，不带拘谨的手绘体现着作者创作时的闲适心情，蓝白相间的条纹简约清新又不失时尚感。

图5-67　海洋帆布袋

制作材料与工具：熔蜡器、蜡、上蜡笔、熨斗、牛皮纸、棉绳、染色桶、调好的靛蓝染料、纯棉帆布袋。

制作过程：

（1）熔蜡器熔蜡，用笔蘸取适量的蜡液绘制花纹。

（2）涂好蜡后待蜡干透，把帆布袋随意揉成团状，再用棉绳捆扎固定好，不必过紧。

（3）先用清水浸湿捆扎好的帆布袋，扭干后再放入染料中浸泡20分钟后取出，放置氧化。

（4）把捆扎着的帆布袋解开，然后吊挂起来，一半放入染料中吊染，以加深蓝白对比，突出花纹，20分钟后取出帆布袋氧化。

（5）把氧化好的帆布袋用清水洗去浮色，然后晾干。

（6）把帆布袋夹在两层牛皮纸之间，用熨斗把蜡融掉。

（二）海洋T恤

图5-68的T恤款式简单宽松，休闲随意。夏日，人们喜欢清爽的感觉，T恤大海白云的图案，给人感觉开启了度假模式，充满着惬意。

制作材料与工具：熔蜡器、蜡、上蜡笔、熨斗、牛皮纸、棉绳、染色桶、调好的靛蓝染料、纯棉T恤。

制作过程：

（1）熔蜡，用笔蘸取适量的蜡液在衣服袖口和底边绘制花纹。

（2）涂好蜡后待蜡干透，随意归拢衣服下摆和袖口，再用棉绳捆扎固定好，不必过紧。

（3）先用清水浸湿衣服，扭干后对捆扎的地方进行吊染，放入染料中浸泡20分钟，浸泡过程中需上下摆动，让颜色过渡均匀，20分钟后取出放在干燥处氧化。

图5-68　海洋T恤

（4）把衣服捆扎的部分解开，分别对衣服两侧袖口和下摆再吊染。

（5）把氧化后的衣服用清水洗去浮色，然后晾干。

（6）熔蜡。

五、极简风格

极简风格作品通过简单的平面构造、色彩和区域的平衡，将具体的形象还原至最本质的结构，达到画面的和谐。植物染工艺和颜色很适合这种风格的表达。

（一）红黄蓝日式门帘

图5-69中的日式门帘以蒙德里安经典的《红、黄、蓝的构成》作品为灵感，根据极简风格的特点，对面料进行直接染色，然后用不同大小、不同颜色的面料进行拼接制作出作品。门帘中红、黄、蓝创造出了强烈的色彩对比和稳定的平衡感。红、黄、

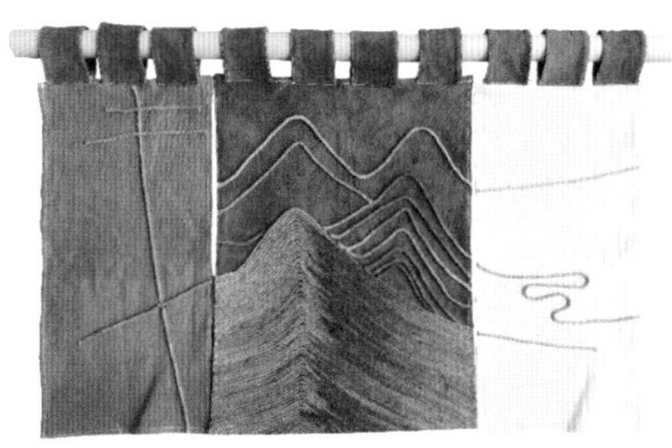

图5-69　红黄蓝日式门帘

蓝分别以苏木、栀子和靛蓝染成，单色偏灰，但三种颜色组合起来鲜亮却不刺眼，色彩区域的合理调配组成了一幅抽象的图案，特别耐看，简单中又充满了趣味。

制作材料与工具：染料桶、量杯、电子秤、温度计、手套、剪刀、水洗麻布、棉绳、木棍、煮锅、加热器、滤袋、锤子、刀、靛蓝泥、靛蓝溶解剂、苏木、明矾和栀子。

制作过程：

（1）用靛蓝泥染布和棉绳。将197g靛蓝溶解剂放入染桶里（图5-70），缓缓加5L开水（80℃以上），使用搅拌棍搅拌5分钟，此时液体呈现橙黄色或鹅黄色（图5-71），静置等待。

（2）称取278g靛蓝泥放入盘中，加少量凉水，搅拌让靛蓝泥溶解。

（3）等待靛蓝染液降至到50℃以下即可建缸，将调制好的靛蓝液缓慢加入染桶中（图5-72）。

（4）液体表面呈黄绿色，并且浮有深蓝色泡沫和金属色表皮膜代表建缸成功（图5-73）。

（5）将提前湿润好的布料和棉绳放入染料中，浸泡20分钟后取出氧化（图5-74）。

（6）氧化后把布料和棉绳冲洗并晾干（图5-75）。

（7）将苏木浸泡一个晚上。

（8）取5g明矾，在60℃的温水中溶解。

图5-70　靛蓝溶解剂

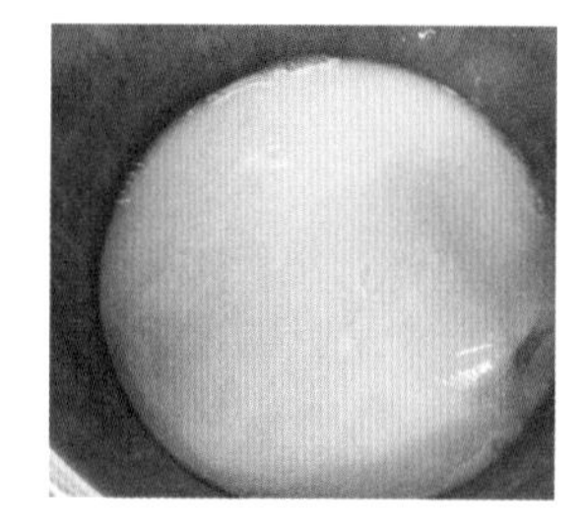

图5-71　靛蓝溶解剂

图5-72　倒入染桶

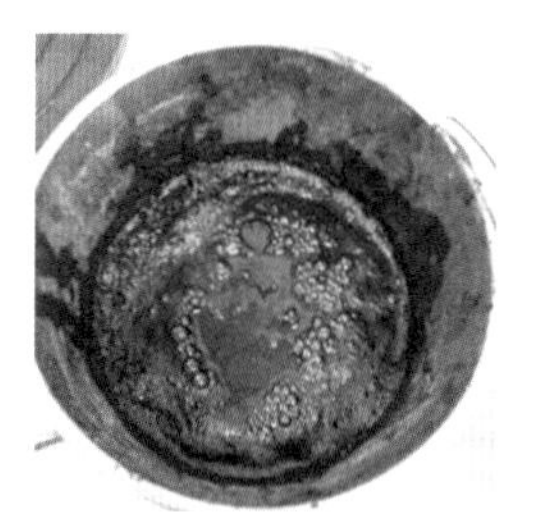

图5-73　建缸成功

图5-74　氧化

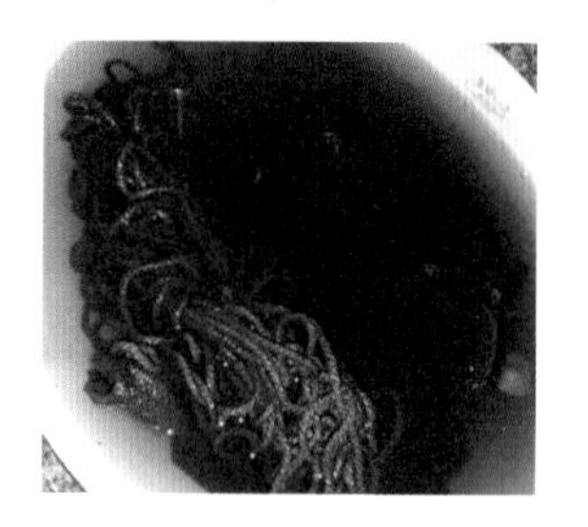

图5-75　冲洗布料和棉绳

（9）将布浸泡在明矾水中1小时。

（10）将苏木和水以1：20的比例放入锅内加热，煮30分钟，然后把媒染好的布料放入苏木染料中浸泡1～2小时，温度保持在100℃。

（11）将布料捞出，用清水冲洗后晾干。

（12）称取20g栀子放在纱布中，用锤子将其砸碎（图5-76）。

（13）把栀子放入3L水中加热煮沸，关火静置（图5-77）。

（14）待染料温度降到60℃时，将布放入染料中加热煮沸，煮沸后继续煮20分钟，再浸泡1小时。

（15）把布料捞出清洗并晾干（图5-78）。

（16）裁剪布料，然后拼合。

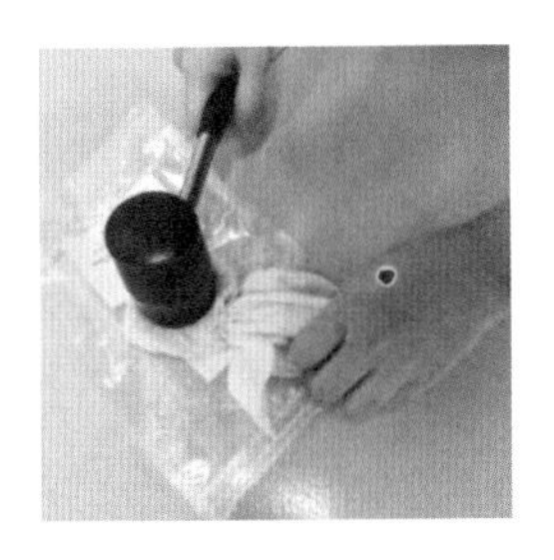

图5-76　砸碎栀子

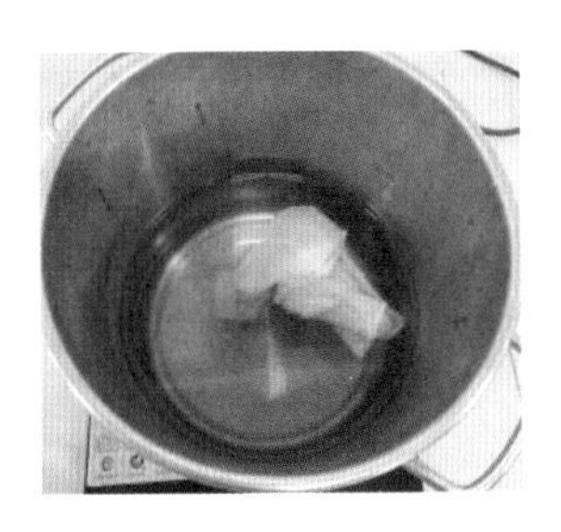

图5-77　静置染液

图5-78　晾干

（二）渐变T恤

图5-79的衣服做了三个明显的色彩明度渐变，使单一的蓝色具有了韵律和节奏，底摆简单装饰了扎染豆子花和叶纹，蓝白之间达到了色彩明度上的平衡，使衣服不至于太过单调，简洁中带着休闲风。

图5-79　渐变T恤

制作材料与工具：染料桶、手套、铅笔、棉线、针、剪刀、纯棉T恤、调好的靛蓝染料。

制作过程：

（1）用铅笔在衣服底摆上画出叶形轮廓，用针线在所描轮廓线上平缝，缝后拉紧收拢打结。在另一个位置的布料上捏起一个点，然后在点的下方捆绑扎结。

（2）把捆扎好的T恤放入清水中浸泡湿润，然后拧干。

（3）把衣服吊挂起来，分成上中下三部分，用吊染的方法，先将底摆放入染料中染色，20分钟后拿出来在空气中氧化约20分钟，再把衣服放入染料中浸泡到中部，浸泡10分钟后拿出氧化，最后把整件衣服放入染料里，缩短浸泡时间，再拿出氧化。

（4）染色后用清水洗去衣服上的浮色，再拆除捆绑的东西，打开晾干。

（三）植物染笋芽摆件

流行风格随着时代潮流变化而改变，设计师可以汲取流行元素进行设计，运用植物染工艺体现出来，使植物染艺术能够与时俱进，紧跟时尚。

近年来，伴随着影视作品而流行起来的低饱和度色系就源自中国传统色。一系列低饱和度配色素雅、隽永，既有历史感，又显得高级。很多中国传统色彩都源于植物染，人们可以利用植物染去创造具有中国特色的作品。如图5-80所示，植物染笋芽摆件以植物染出淡雅的低饱和度颜色，制成小盆栽，摆放在室内增添清新自然的气息，符合人们健康、舒适、生态节能的生活理念。

制作材料与工具：染料桶、手套、剪刀、棉绳、白棉布、煮锅、加热器、滤袋、量杯、电子秤、酒精、铁媒粉、200g姜黄和500g紫草。

制作过程：

（1）将白棉布放进装着清水的锅里煮沸进行脱浆（图5-81）。

（2）把200g的姜黄敲碎成粉状，把粉状姜黄（图5-82）放入2.5L的清水中静置30分钟后，开火待微起小泡后转小火保持在80℃左右熬煮20分钟得到原液。

（3）将棉布放到浓度为100%的原液中染色，15分钟后捞起，放在暗室中晾干。调至原液与铁媒粉的比例达到5：1.5的情况下，反复套染得出4种明度不一的颜色（图5-83）。

（4）将浓度为95%的酒精与500g的紫草浸泡24小时以上（图5-84）。

（5）待紫草色素充分发挥出来后，放入棉布染色，为使其充分着色，每隔5分钟反

图5-80　植物染笋芽小摆件

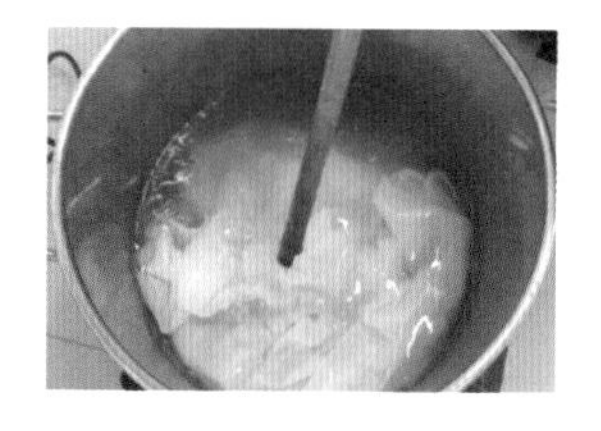

图5-81　脱浆

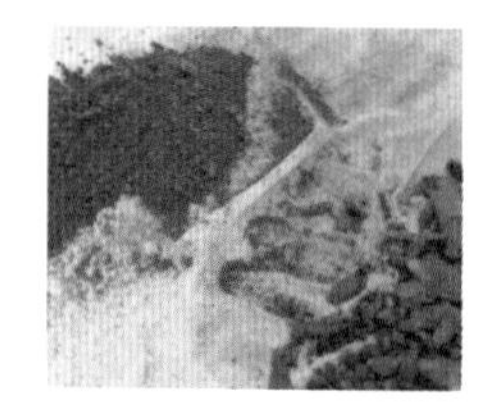

图5-82　粉状姜黄

复翻转棉布（图5-85）。

（6）浸泡20分钟后捞出放到阴凉地方晾干（图5-86）。

（7）将几种不同颜色的棉布裁碎，折叠成笋芽状的小布块，再用棉绳捆扎好，放入装饰容器中。

以上各实验从不同角度展示了传统技艺的现代表达，从基础实验开始，延续和拓展了实验及可运用的领域，为后期的创新实践做好技术支撑和素材支持。

图5-83　颜色不一的姜黄染布

图5-84　酒精浸泡紫草

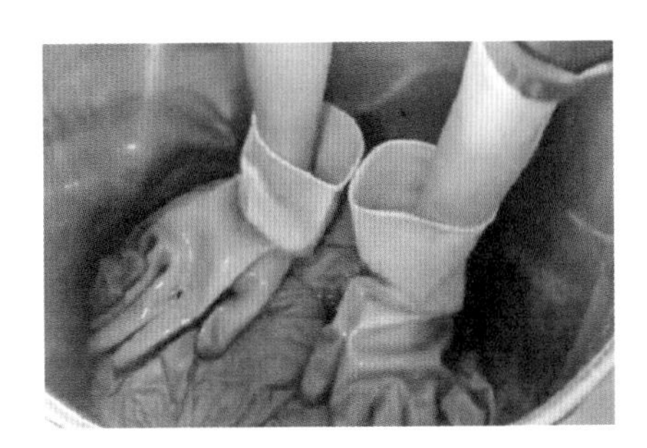

图5-85　翻转棉布

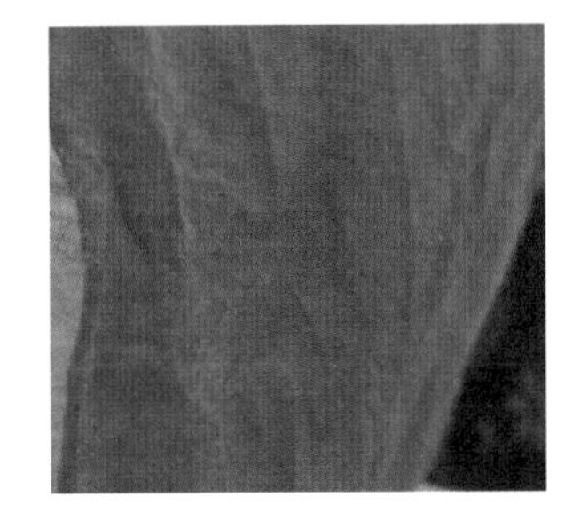

图5-86　晾干

第六章

岭南植物染设计作品剖析

植物染是历史悠久的优秀传统手工艺术，是我们的先民利用大自然中各种各样的植物提取色素来为纺织品等染色的一种方法，这种工艺成为灿烂的古代文明的一部分，经过几千年的发展，在现代服饰品、纺织品中仍然保留着植物染色的艺术特色。

本章选取岭南植物染作品，介绍运用植物染色技术进行创新和设计制作的过程，并对植物染的现代作品进行分析。

第一节

服装设计作品

一、《迷雾》服装设计作品

《迷雾》服装系列设计作品（图6-1、图6-2）主要运用蓝染技术，用吊染、渐变、羊毛毡等各种纯手工艺术来表现传统文化独有的味道，展现出一场蓝色的盛宴。

为了控制好蓝染的上色、固色效果以及拓展蓝染颜色，设计者尝试多种新的染色方法，为成衣染与画染做基础实验。从染料的浓度和染色时间来分析蓝染的染色配比。

作品主要的操作工序是先准备好配制的染料，然后用绘染、吊染的方式达到自己想要的效果。下面分别介绍这三个工序。

配制染料的过程较复杂：准备靛蓝粉→加入渗透剂→加入米酒并搅拌→加入上色剂→反应成功后加入靛蓝中→还原剂中加沸水→搅拌后使用试纸试验（pH试纸）。染料配制时，水量的稀释度的变化影响着面料颜色的明度变化，而靛蓝粉的浓度变化影

图6-1 《迷雾》服装系列设计作品

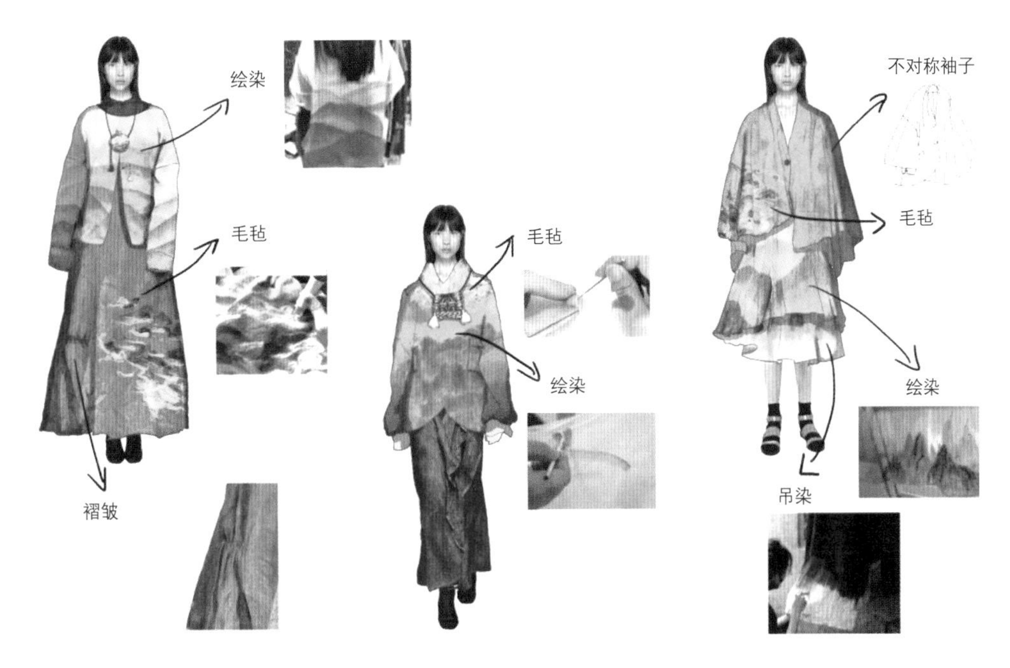

图6-2 《迷雾》服装系列工艺细节图

响着面料颜色的纯度变化。染蛋白质面料时，调制染料的碱由强碱换成弱碱（还原靛蓝泥的纯碱便可），让其还原成功，这种方法不会腐蚀面料，染色效果也不会变化太大，只是染料很快就失效；或者增加靛蓝粉的浓度用量，减少强碱的用量，以2∶1的方式来调制，此方法能将面料染成深蓝色偏紫色的效果而又不会腐蚀面料。

绘染，可直接在成衣上进行（图6-3），也可以在裁片上进行，后者适合更加

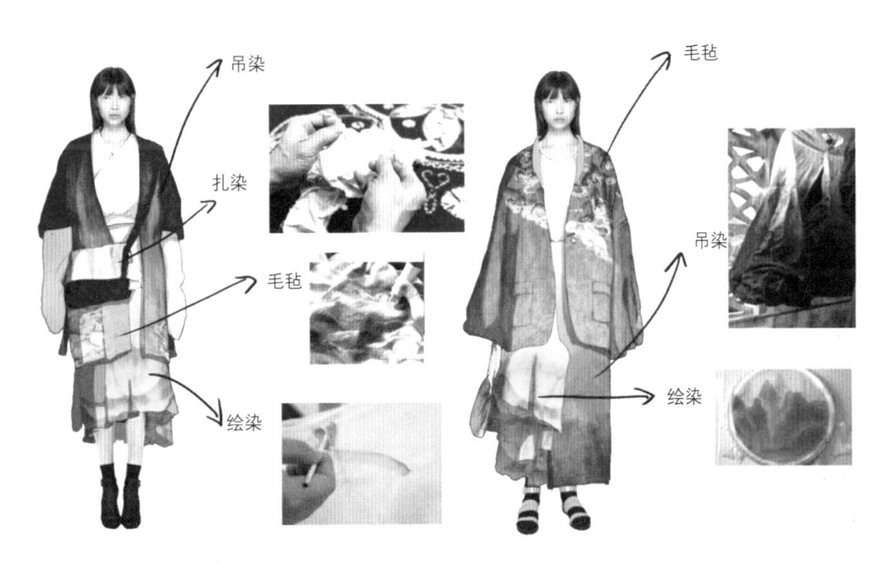

图6-3　直接在成衣上绘染

精细的图案。如在纱上绘染时，将裁剪好的纱放置在绣架或绣绷上（图6-4），同时准备调制染料和绘染工具（加水调制出染料浓度大、中、小三种，水的比例为1∶3∶6），染料要用漏网隔离粉末的残渣，防止后期固色时残渣存留过多污染布面。使用染料在面料上绘画图案，绘染后阴干（图6-5），多次反复（手法与水彩、水墨一致）。阴干后，进行清洗和固色，清洗时先吊起，清洗面料上剩余的残渣，同时注意颜色变化，再进行浸泡固色，颜色掉色可重复浸染，固色后阴干即可。

吊染，是该系列服装中运用较多的一种技法，便于实现局部染色的层次效果。先将面料按照纸样进行裁剪并缝制成衣，脱浆后调制染料。吊染的服装在染料中需要不断上下拉动氧化（图6-6），直到染成想要的颜色，然后阴干。阴干后进行固色清洗。如果渐变不自然可进行补色处理：将浸染的成衣浸泡在染缸中，浸泡30分钟后捞出氧化，再次浸染。达到想要的颜色即可取出阴干（图6-7）固色。最后，熨烫整理服装。蓝染服装成品展示见图6-8、图6-9。

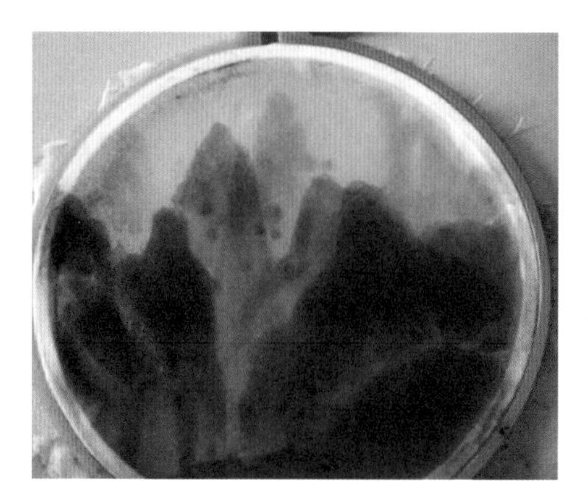

图6-4　使用绣绷绘染

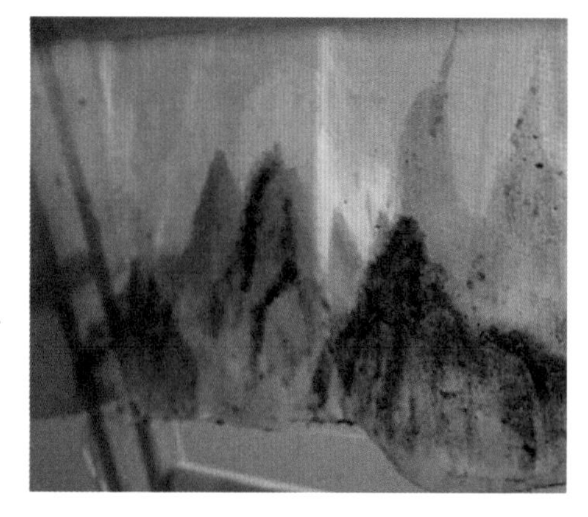

图6-5　绘染后阴干

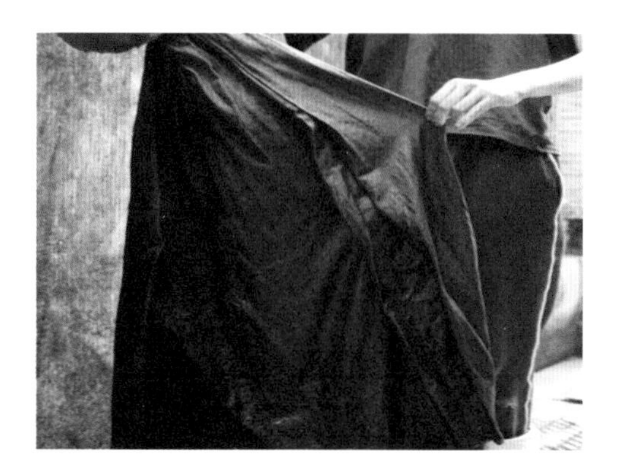

图6-6　吊染：氧化

图6-7　吊染：阴干

图6-8 《迷雾》蓝染完整作品

图6-9 《迷雾》蓝染完整作品T台展示

二、《葵与染》服装设计作品

顾城说过：“人可生如蚁而美如神。”这句话是这套作品的设计师们一直坚持的理念。作品灵感来源于新会葵扇，新会葵扇这个已不常被大众提起的传统手工艺品，是否已生如蚁？设计者思考着，于是《葵与染》（图6-10）系列就这样诞生了，将新会葵扇与扎染融合，再用编结技法，复古风格之间的碰撞也能激发出新火花，带来新活力，让更多的人也感受到传统手工艺品的美如神。

在完成这个系列的服装制作中遇到了许多问题。一开始想用平缝机在面料上缝制葵扇的形状，然后放进染缸里染色，结果却失败了（图6-11）。

后来重新买染剂和面料进行染色（图6-12），放弃了原本机缝染的方法，运用吊

图6-10 《葵与染》服装系列效果图

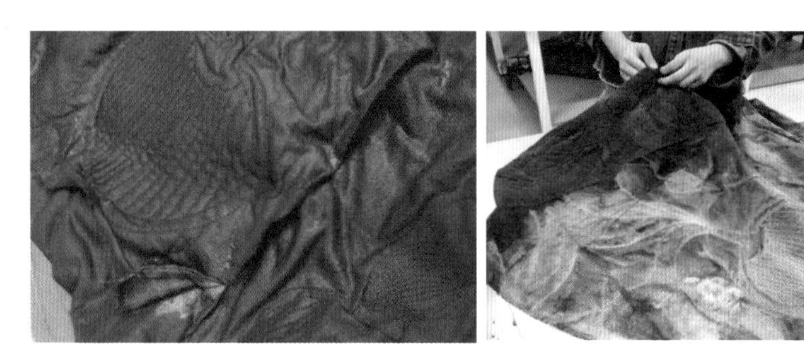

图6-11　正在氧化的失败面料

染和扎染的随机性工艺重新设计款式（图6-13），图案上，因为扎染出来的随机图案，故在服装图案设计中只加了一些麻绳装饰物，以线条为主的“葵扇”“流苏”等。图6-14所示的舞台效果便是完整作品。

图6-12　重新染色的纱

图6-13　第二套服装初步形成

图6-14　《葵与染》系列完整作品

三、《我也想爱这个世界》服装设计作品

在《我也想爱这个世界》作品中选择了传统的靛蓝泥染料代替化学染料，以纯手

工的方式进行面料染色和抽纱工艺的制作。

本系列以冷色调的蓝色系为主，款式上选择了披挂式斗篷、箱型马甲等进行搭配，通过连衣帽、立翻领、小尖领、V领等细节，塑造很好的廓型感和时尚度，表达出设计者对舒适、安逸生活的向往和渴望（图6-15）。此系列将从每一款的设计和结构细节展开较详细的论述。

款式一（图6-16）中的衬衫设计运用极简风，与外套上层次丰富的云染图案做对比。衬衫领部挺括，搭配利落的尖领，慵懒中透露出干练。颇具民族韵味的白色系马甲，在局部做靛蓝染拼布的撞色拼接，中和了冷色调带来的沉闷感，口袋处的抽纱拼贴，让其在休闲轻松的氛围中更具精致感，同时也点明了灵感来源的主题。

外套上选择了宽松型的落肩开衫款式，削弱衬衫带出的硬朗感，加上独特的门襟设计，更具柔美感。

图6-15 系列效果图

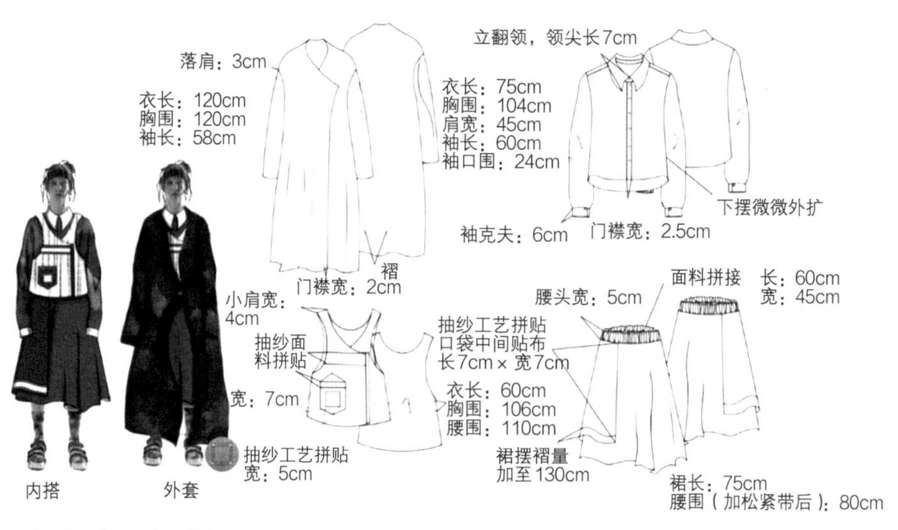

图6-16 款式一款式图

款式二（图6-17）中的马甲运用了多面料拼接的设计，更具时尚性，在搭配上也显得有层次感。宽松的袖窿、落肩设计、倒大袖外形，与马甲的微收腰、内搭底边的罗纹收口形成对比。下身阔腿裤利用锥形高腰的设计打造修饰腰臀的A型，让裤腿围的量感更加夸张，有一种民族风格服装的外形特点，营造休闲舒适的感觉。

款式三（图6-18）的服装采用了蓬松的廓型，希望能从设计上达到安抚人们内心的需求。现代社会中，人们的压力越来越大，容易焦虑，在这些情绪的影响下，会越来越重视服装带来的“安全感”和“包容感”。本款结构上采用灯笼袖袖窿上衣和腰部修身的A型不规则半身裙结合，搭配胸前的抽纱镂空工艺，整个造型呈现了张弛有度、收放自如的感觉。

款式四（图6-19）的设计上，尽量注重舒适感和可用性的实现，因为快节奏的生活和工作，有些人群对“放松感”和“安逸感”出现缺失。在满足日常出行的穿着需求上，遵循着“随需随用”的设计理念，将“落肩短袖式宽松大衣”进行改良设计，选用舒适的基础廓型搭配围巾，方便穿着者随时需要出门的生活状态，以现代内蕴审美和减法设计思维，展现最舒适的生活方式。

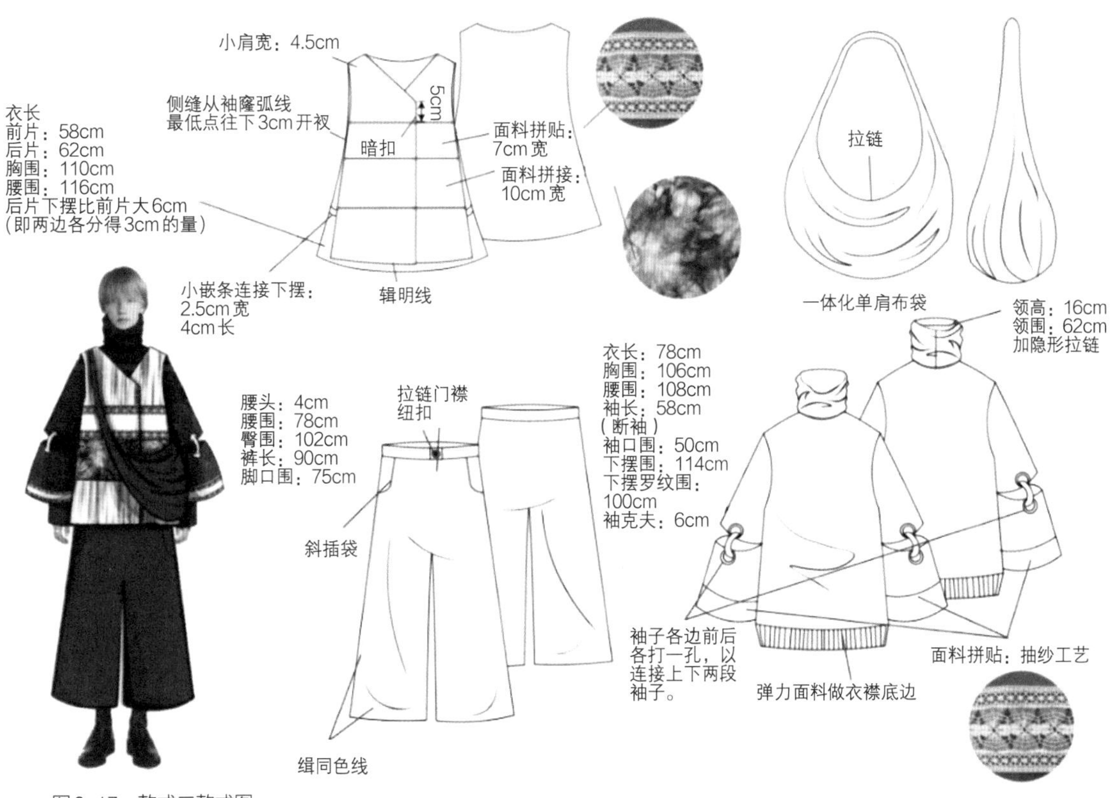

图6-17 款式二款式图

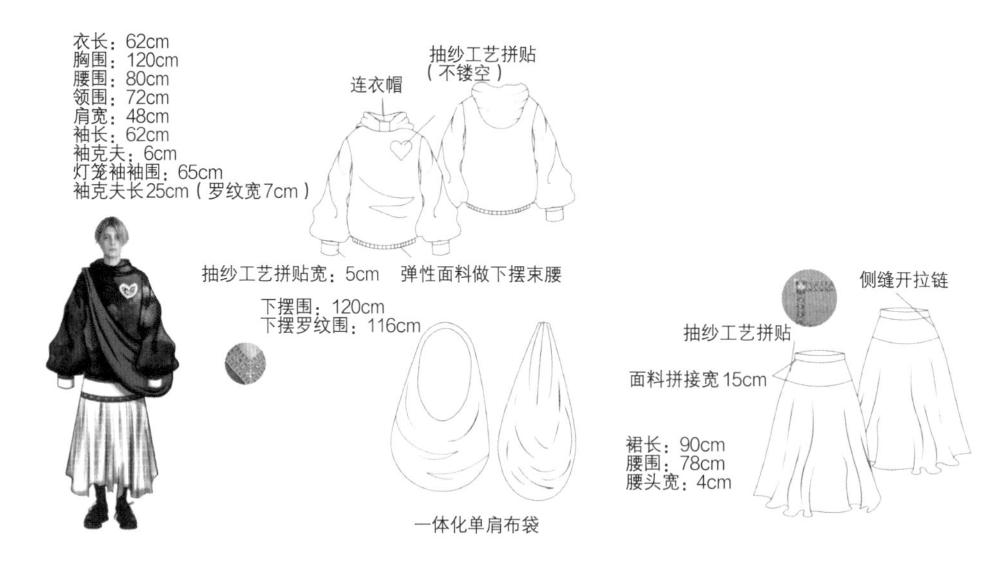

图6-18　款式三款式图

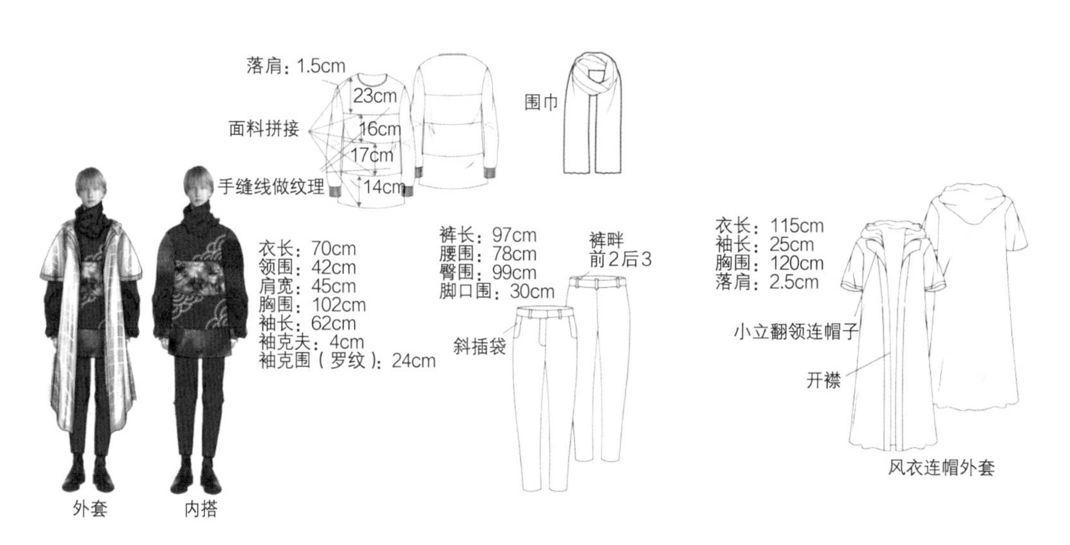

图6-19　款式四款式图

款式五（图6-20）衣身上的面料拼接加上柔和的泡泡袖型设计，由内而外透露出温暖浪漫的氛围，目的是希望穿着者能用美好浪漫的眼光看待事物。下身采用多面料拼贴，选择了大面积的钩针工艺搭配撞色的设计，钩花独有的镂空效果，体现出“破坏性”与“精致感”的碰撞，展现了靛蓝染与抽纱工艺中不一样的风格。

作品通过运用云染与抽纱技法的结合，将现代人复杂的内心世界用云染的特殊肌理效果表达出来；将内心深处的细腻用抽纱工艺巧妙地表现出来，最终的成品效果如图6-21所示。

本系列服装在制作过程中因为工艺种类多且复杂，遇到了许多难题，经过多次实验，在请教了相关专业人员之后，得出以下几点结论：

（1）由于靛蓝泥染料的特殊性，所以在染布时需要注意将面料悬挂浸泡在染缸中，不能碰触到缸底泥，否则面料颜色会有发灰、斑驳等现象（图6-22）。

（2）靛蓝泥也有新泥和老泥之分，“老泥”上色效果会比较好，所以在购买靛蓝泥之前要询问商家具体的生产时间，做好生产批次记录，尽量一次性买齐同一生产批次的靛蓝泥。

（3）如果需染色面料较大，不建议使用小型的普通家用水桶操作，小水桶无法将

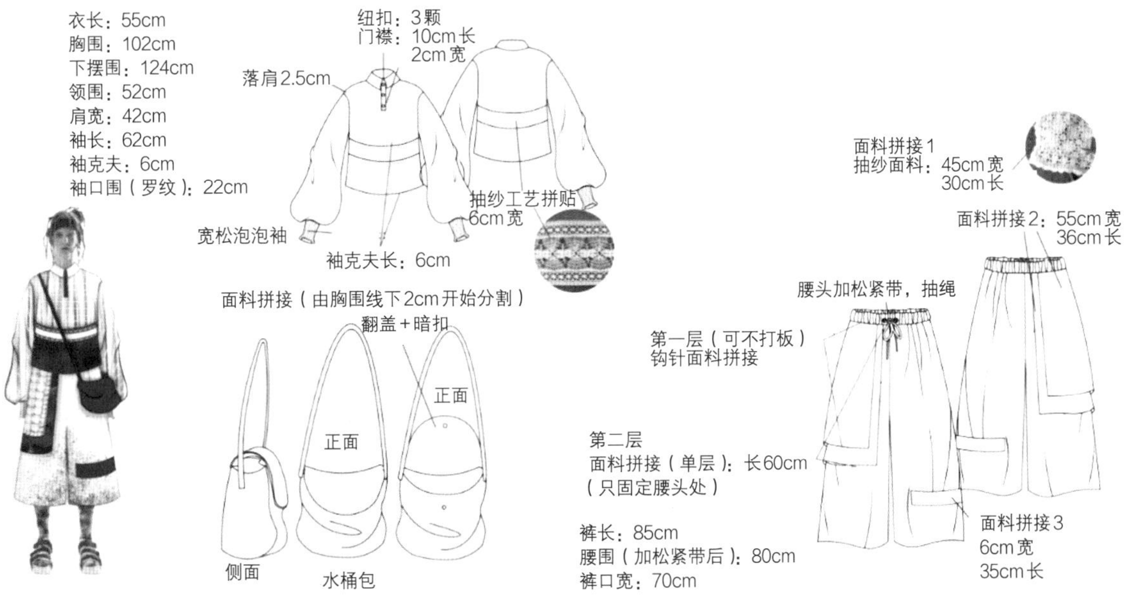

图6-20　款式五款式图

图6-21《我也想爱这个世界》系列服装作品

面料完全浸入其中，还会出现触碰到桶底，造成染色不均、面料被桶底泥糊住等问题（图6-23），增加了面料报废的可能性。

（4）在将面料从染缸中捞出进行氧化的过程中，注意面料上不能出现泡沫、缸底泥（图6-24），如果出现，应立即用水喷洒面料直至消失为止。染好的面料颜色深度在冲洗晾干后会浅一半，故在染布的过程中应根据经验来判断面料晾干后的颜色深浅程度，而不是根据氧化后的颜色来判断。

（5）只能在自然风干的环境下干燥，不能暴露在阳光下或熨烫。刚染完色的面料在进行冲洗时，浮色是洗不干净的，最佳的固色效果应该是在面料染完冲洗掉大面积浮色以后阴干，利用氧化还原的原理将颜色锁住，这样在后续的清洗和使用过程中才能不再掉色。

（6）靛蓝泥染液在还原的过程中，最适宜染色的pH值应该在10～12之间，氧化还原至少半小时，夏季缩短为20分钟，具体还要根据染液的情况来判断。

（7）运用抽纱工艺（图6-25）时，不能选择纱线密度太低的面料，需选择刺绣专用面料，如28ct或25ct面料，以避免出现经纬纱密度不同、纱线捻度太低易断裂等问题。

图6-22　左为染色时碰到缸底泥的样子、右为洗净晾晒后的效果

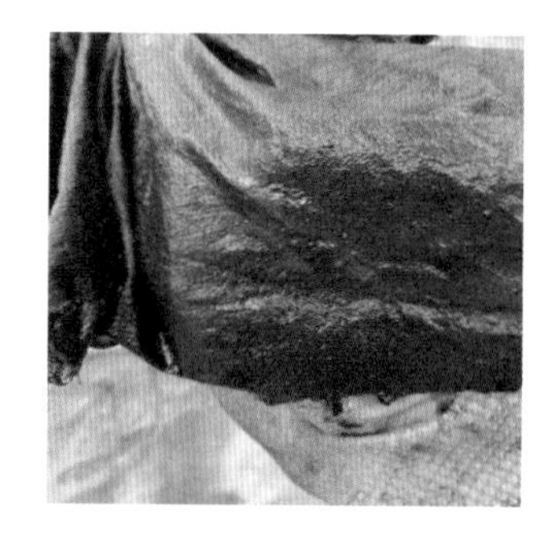

图6-23　面料捞起时表面的染泥糊

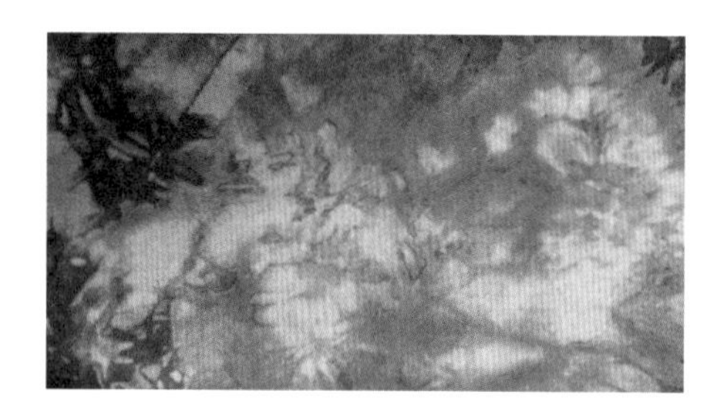

图6-24　图为被缸底泥浸染后的效果

图6-25　抽纱工艺面料实验样品之一

四、《烦恼》服装设计作品

成长是每个人都会经历的，从孩提时期的懵懂无知到青春少年的叛逆轻狂，是个性与规矩之间的碰撞，是成长与依恋的交织。本系列（图6-26）用传统的天然染色工艺和各种现代材料的交融来体现成长中的那种纠结、冲突以及和解的过程。

本系列的灵感来源于孩子成长阶段的烦恼，在这个阶段中会做出各种各样挑战规则的事情，让大人难以理解。但转念一想，自己喜欢的东西被现实的条条框框所限制，心情多少会有一点沉重，像个性与规矩之间的碰撞，而且就算他们再怎么烦恼，在他们身上永远能看到无限的精力在发光，正如系列中色相明显的红色与黄色一样。

虽然生活中有些小烦恼，但整体上他们都是非常可爱和活泼的。在系列中选用传统天然染色的线和各种各样的新型材料一起编织，传统工艺与现代材料和谐交融，以此表达孩子们爱反抗规矩，又快乐生活。

作品主要是探究墩头黄和墩头红植物染色技艺与儿童服装的融合，从设计特点出发，重点分析墩头红色植物染料和墩头黄色植物染料的提取方式和使用方法。针对童装设计上的运用，将墩头植物染与当下流行的时尚趋势紧密结合，强调运用天然素材，注重人文历史的传承以及经验总结，让墩头植物染服饰多样化和个性化得到发展，并且传承和挖掘植物染料的潜在材料。

服装中运用到了五种染色材料——栀子、姜黄、苏木、茜草、红花（图6-27），除此之外还运用到了手工钩针编织工艺和羊毛毡工艺。

栀子的染色过程是先将100g栀子浸泡在盛有2.5L清水的容器中，密封浸泡12个

图6-26 《烦恼》服装设计作品

小时。然后将栀子放进一个纱袋中用清水煮沸4～5个小时。将被染纤维用清水洗净后放入染液中，染色时不停地翻动纤维让其受色均匀。栀子的上色率良好，约5分钟后即可得到柠檬黄的色彩，随着煮染时间的变化，颜色也会逐渐地加深（图6-28），色相也会随着pH值的变化而变化。切记要低温熨烫。

姜黄染色过程是先将100g的姜黄放入清水中浸泡清洗，然后把它装进纱袋中放入盛有2.5L清水的容器中煮制。途中可以加入少量（5g）的烧碱，提高姜黄的溶解度，煮沸30～40分钟后保持80℃温度，得到染液。将被染纤维用清水洗净放入染料中浸泡。姜黄可以直接染色，亦可以媒染。染羊毛时要保持70℃～80℃的高温才不会使羊毛颜色黯淡。姜黄的黄色日晒牢度稍差，可以反复多染几次（图6-29）。

以上是栀子和姜黄的染色过程，本作品用到的其他染材的染色过程都是类似的（图6-30、图6-31）。

设计以墩头植物染中的黄色和红色之间过渡色作为主要色调，服装上童趣的图案以及与服装呼应的针织包袋体现了这五套植物染儿童服装的活泼可爱，最终以“烦·恼”为题完成植物染面料制作的五套童装设计系列服装（图6-32）。

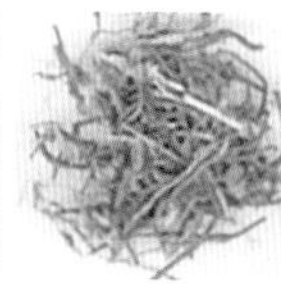
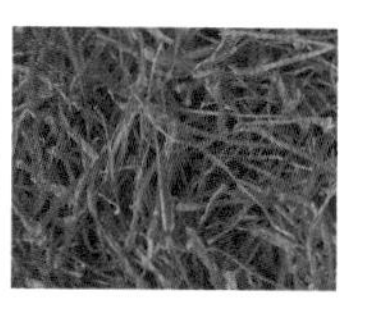

图6-27 栀子、姜黄、苏木、茜草、红花

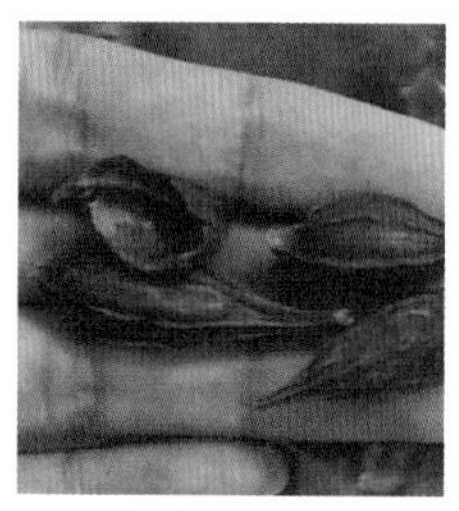
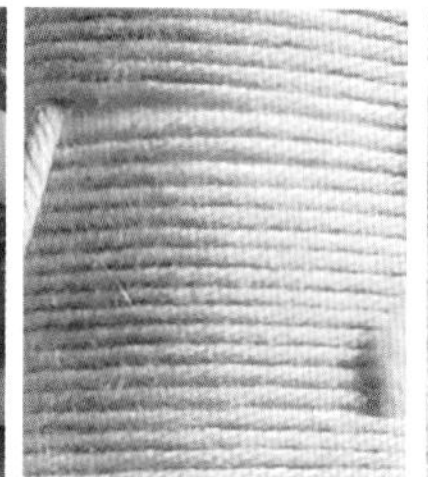
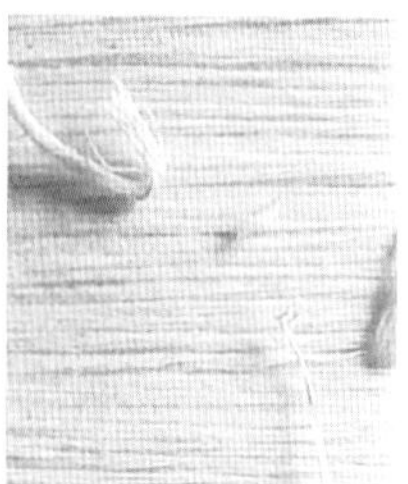

图6-28 栀子染线色卡

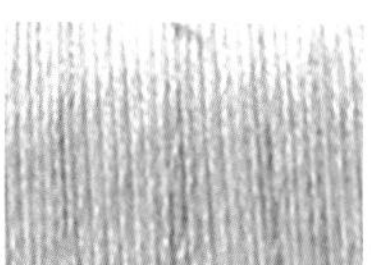

图6-29 姜黄染线色卡

图6-30　苏木染料吊染

图6-31　红花染料吊染

图6-32 《烦恼》系列完整作品

五、《青 · 衿》服装设计作品

本系列作品（图6-33）灵感来源于广东省非物质文化遗产——墩头蓝织染技艺，染色材料取之于自然，将蓝染融合水墨笔触绘于服装之上，渲染出恬淡清幽的意境。

图6-33 《青 · 衿》服装效果图

改良的对襟、斜襟、交领与儒衫的古朴样式结合，采用自由组合的可拆卸、模块化设计，以适应不同季节气候，体现环保可持续的设计理念和虚实结合、意向空灵的东方美学思想（图6-34）。

青衿中的“青，生也，象物之生时色也”，万物复苏，生长之意。青色更是生命、年轻、活力、希望、美好之意（图6-35）。

面料上运用棉麻进行蓝染，呈现出不同的纹理效果，再加上扎染、刺子绣等工艺处理手法，给人一种平静、清雅和理性的美感（图6-36）。

作品采用水墨画图案（图6-37），经30多遍的染色绘制（图6-38），将蓝染融合于水墨笔触之中，最后的成品有一种平静、清雅的美（图6-39）。

图6-34　款式图

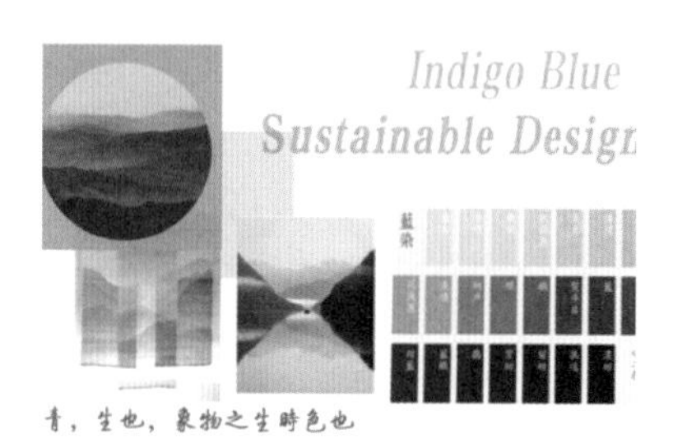

图6-35　色彩图

图6-36　主要工艺细节

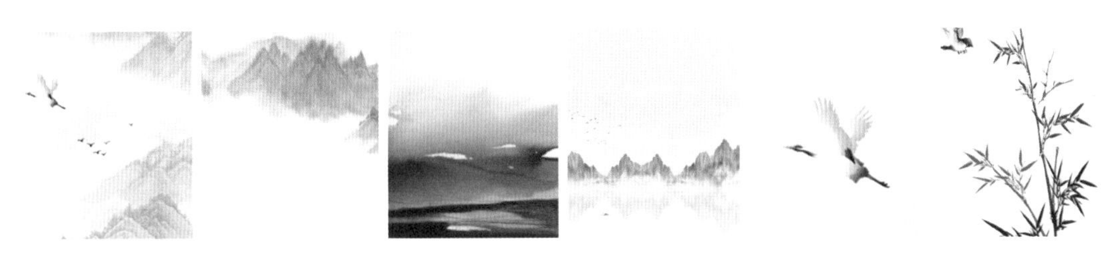

图6-37　图案

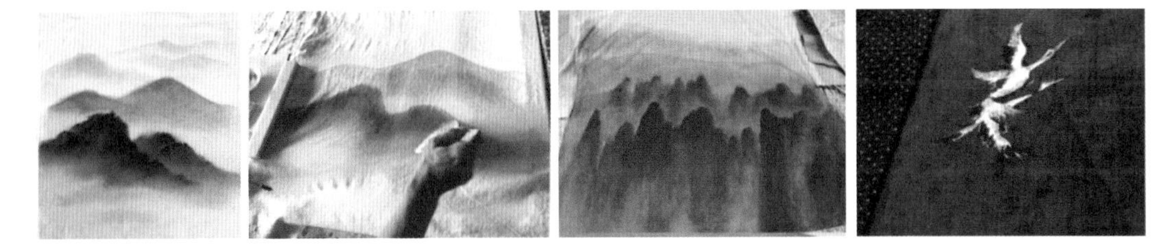

图6-38　绘染细节

图6-39 《青 · 衿》系列成品展示

第二节

客家文化创新品牌植物染设计作品

客家，这个曾经屡次迁移的汉族民系，自古代为躲避天灾、战乱而陆续迁入南方各省。客语中“亻厓”，这个字的意思是“我”，客家人念做“ngai”，但它在字典里是不存在的，是客家人独创的文字。从字面上看，是走到了悬崖边上，再无路可走的人，这就是客家人。客家人的质朴、吃苦耐劳的性格特征是客家这个民系给我们的印象。我们将在服装上体现这些特征，再结合客家人生活的环境（图6-40），用工艺和面料来记录客家的文化。

图6-40　客家生活环境

一、蓝姑娘

“蓝姑娘”是一个定位于中国民族风格女装设计的服装品牌。品牌理念源于中国悠久的民族历史文化，尤其是客家文化。客家文化是一个极具特色的族群文化，中国民族文化博大精深、代代相传，而服饰则是这些文化的重要载体。每一件衣服都承载着一个传承的故事，我们在用服装来表达对客家文化的传承。

客家的“大襟衫”和“大裆裤”都以宽松肥大，遮挡女性身体曲线为美，我们从客家蓝衫上得到灵感，颜色上选用少量对比色来突出视觉效果，款式上运用客家大襟衫、大裆裤、围裙、盘扣等元素结合宋代汉服进行设计（图6-41）。我们希望用蓝染与褪色（图6-42）来体现客家人吃苦耐劳、勤俭节约的精神。

将客家经典的墩头蓝布和饰品结合是品牌配饰设计的一个重要元素。墩头蓝技艺制作的蓝和朴实的刺子绣绣出来的白相互衬托，真切地反映了客家人俭朴素洁、坚韧低调的性情特质，用带有客家环境的山水图案，去表达客家人在自然中生存并回归于自然（图6-43～图6-45）。

图6-41　系列效果图

图6-42　代表款式及成品细节图

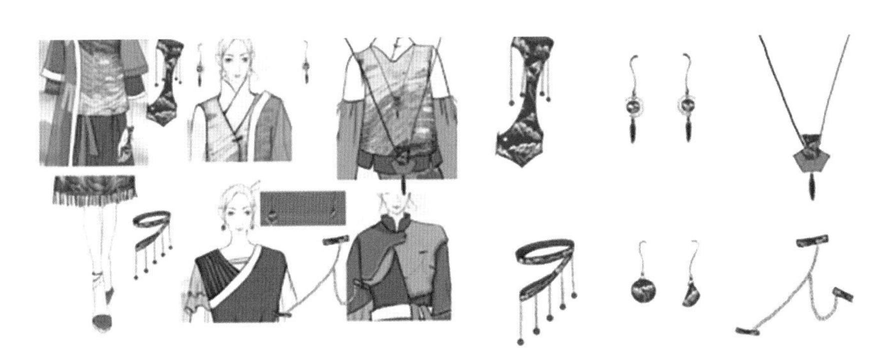

图6-43　配饰效果图

图6-44　配饰细节

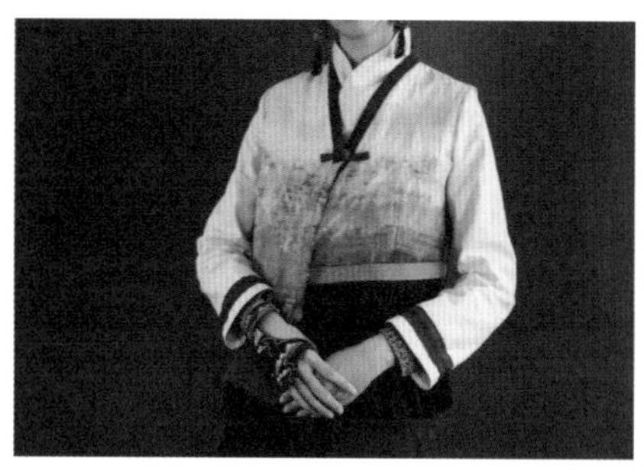

图6-45　配饰成品展示

二、衤·一

服装，是人体第二肌肤，起到装饰形象的作用。“衤·一”品牌风格属于简约风，服装为实用主义。在中国汉字中，越是简单的字，往往越难写得漂亮，越是讲究，所以选取中国字作为品牌名与品牌风格紧密联系，“少既是多”。从图6-46中看到五笔画的“衤”和“一”代表品牌专一地设计舒适、时尚的现代简约服装。本品牌有两个主题系列：六迁之客、客·印。

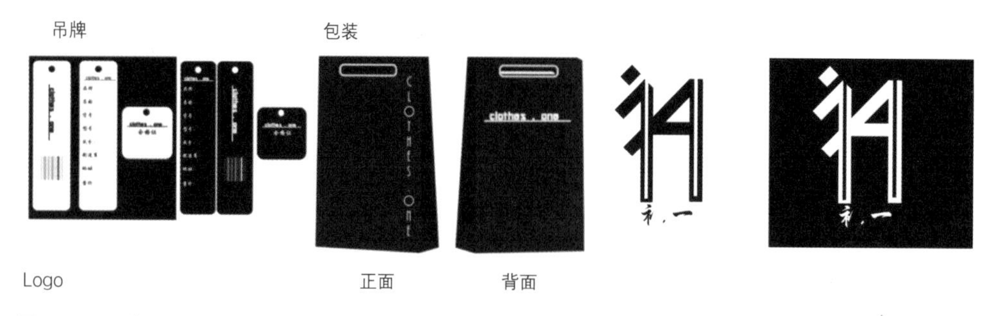

图6-46　品牌Logo、吊牌、包装

系列一：六迁之客

“六迁之客”系列服装设计从赣南客家女的服装切入，发散至女红艺术，渐渐明确设计思路，见系列思维导图（图6-47）。

系列作品的颜色来源于客家大裆裤、大襟衫、围裙的颜色（图6-48）。

系列作品灵感来源于客家女勤劳顾家，服装简洁，将琵琶襟运用到当代的服装门襟上。红背带意义母亲与孩子相连的脐带，创意地将规则的红白间条不规则化。采用客家的音译英文编辑成现代Slogan语言（图6-49）。

款式上结合现代牛仔服饰，细节处进行手绘染色，最终呈现一种碰撞的视觉效果

（图6–50、图6–51）。

该系列的配饰设计主要为帽子与耳饰（图6–52）。

服装细节主要通过对面料二次设计来实现（图6–53）。

（1）在米黄色的PU上使用染料加酒精混合出的蓝色染料进行绘染。

（2）在绘染好的PU上画不规则红褐色纹路，将客家的音译字母（Hakka）拼贴在面料上。

（3）毛衣上做绣线处理，以表达客家人的迁徙是依水而迁，有流水的感觉。

最后呈现的服装成品效果如下（图6–54）。

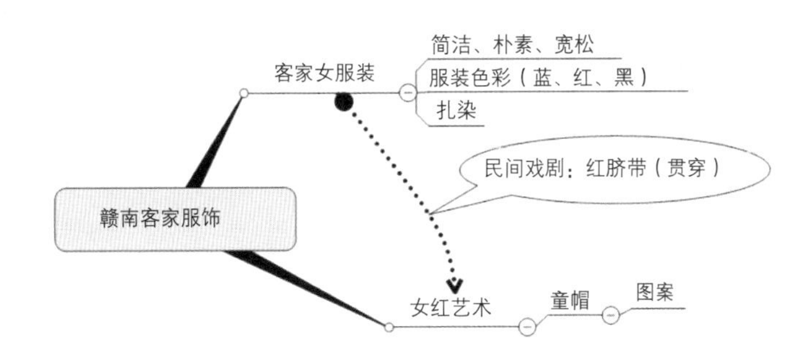

图6–47　思维导图

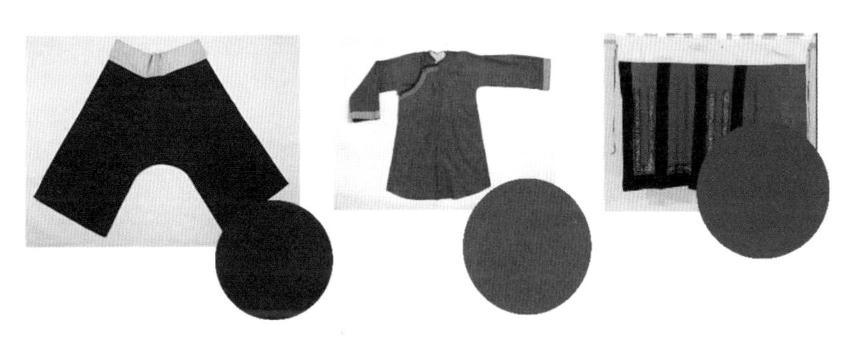

图6–48　颜色提取

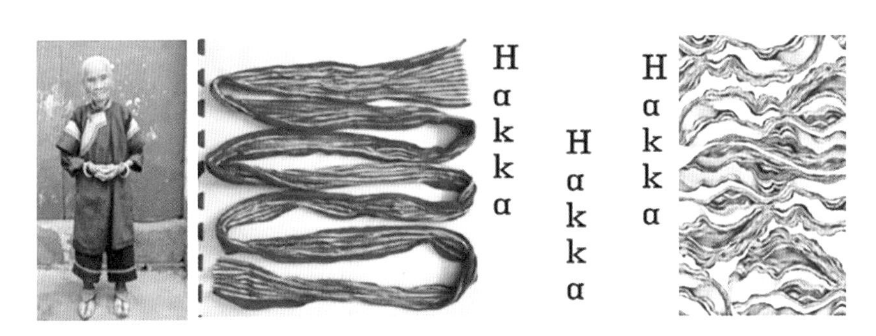

图6–49　灵感来源图

图6-50　效果图

图6-51　款式图

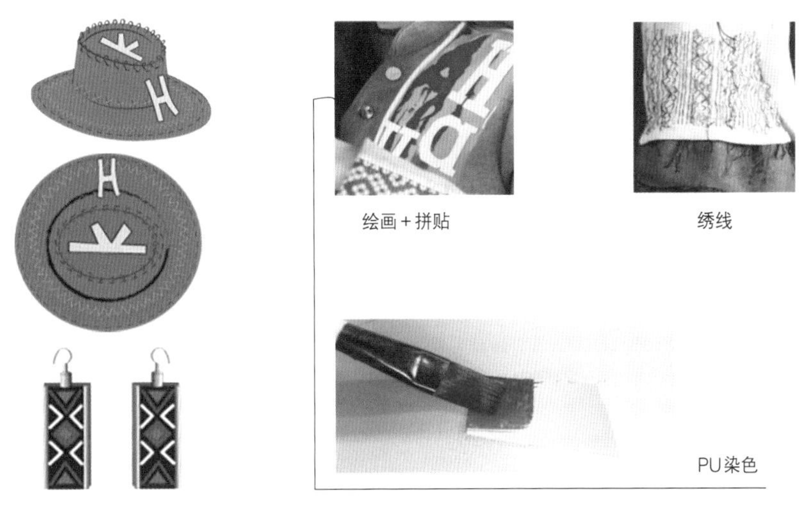

图6-52　配饰设计效果图　　图6-53　服装细节制作

图6-54　服装成品展示

系列二：客·印

“客·印”系列的设计师从客家的颜色、服装、建筑、生活方面展开联想，最后得到黑色系列的设计方案（图6-55）。

该主题系列以图案为主要设计点，图案设计的灵感主要来自客家服饰中植物、动物、器物、几何、文字和故事图案（图6-56）。

本系列的细节和造型灵感来源于客家建筑、生活、服装等的具体特点。领子的造型设计来自于客家土楼外观样式，参考了客家围裙的样式，与长裙结合设计，围裙采

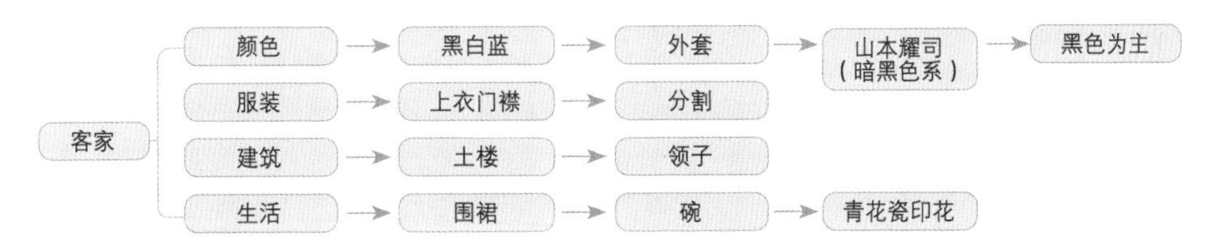

图6-55　设计思维图

用了白底印花，印花的图案设计借鉴了青花瓷的图案，包括色彩和构成，以蓝色绘染在白色布料上（图6-57）。白色、蓝色与黑色长裙和黑色外套的颜色对比，整体体现简约和深沉的效果（图6-58、图6-59）。

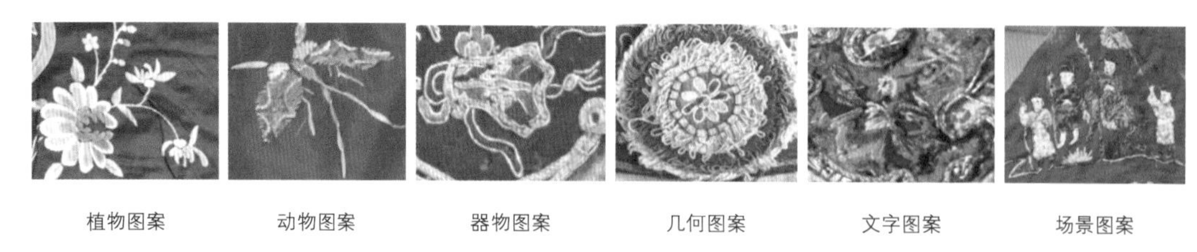

图6-56　图案设计灵感来源

图6-57　图案

图6-58　服装效果图

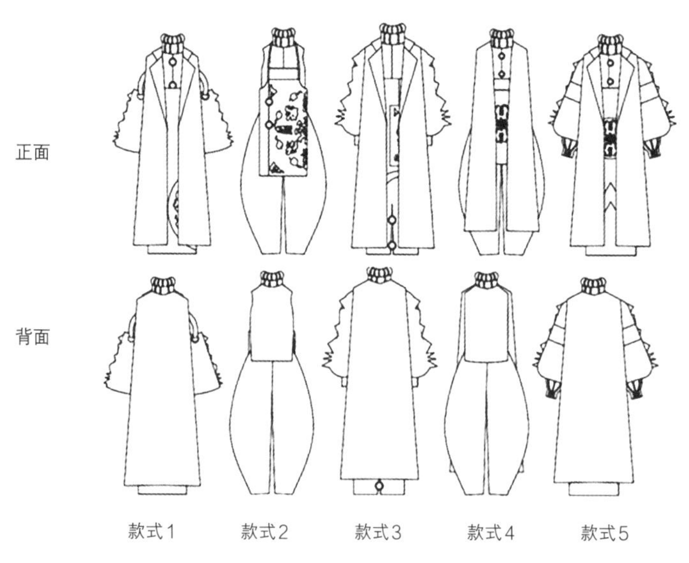

图6-59　款式图

三、客来

本设计源自客家迁徙的故事，客家人在迁徙途中需要跋山涉水，衣服上用刺子绣的工艺绣出图案表达意境。客家传统服饰有耐穿的特点，客家人衣服破了后会打上补丁继续穿，因此在服饰中加上补丁的元素，运用拼接和刺子绣工艺。服饰采取H廓型，遮掩身体曲线，男女皆可穿着，接近汉服的造型透露出客家文化中对汉族传统文化的推崇（图6-60～图6-62）。

该系列配饰主要有采用蓝染和刺子绣结合设计制作的手袋（图6-63）。

图6-60　服装效果图

图6-61　款式图

图6-62　成品展示

图6-63　配饰成品

第三节

文创及其他作品

一、蓝染杯垫

扎染，最大的魅力就是随机性和可观赏性，虽然扎的方式是一样的，但制作出的图案不完全一样的，每件作品都是独一无二的。

以下是用靛蓝泥制作的蓝染杯垫。杯垫上的蓝染图案充分体现了扎染的随机性，把面料包扎起来放进染缸，在基础的调制染料过程中加一些白酒，使染料更好地渗入面料中。浸染后将面料从染缸里取出，再把面料放在干燥地方氧化30分钟，再放回去，此过程重复数次，大概需要10个小时。最后将扎好的结拆开、清洗、晾干，缝制成杯垫，便是图6-64所示的效果。

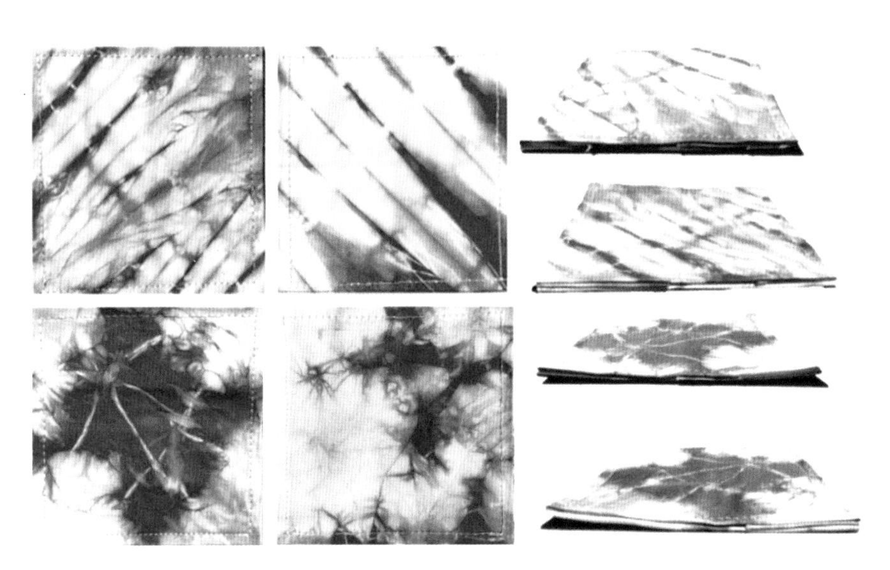

图6-64　杯垫

二、植物染编结壁挂

（一）《波希米亚》植物染编结壁挂

该壁挂设计主要采用红、黄、蓝三色，运用编结和植物染来制作。红黄蓝简单明亮的色调，挂毯下摆的流苏，有种波希米亚风情（图6–65、图6–66）。

图6-65　效果图　　图6-66 《波希米亚》壁挂实物

（二）《麦田守望者》植物染编结壁挂

名为《麦田守望者》的壁挂，设计灵感来源于麦田和蓝天，壁挂中以黄洋葱皮染的土黄色代表麦田，紫甘蓝染的浅蓝色代表天空，两色互补，色彩柔和，以绳结编织工艺将两者融合在一起，寓意守望（图6-67、图6-68）。

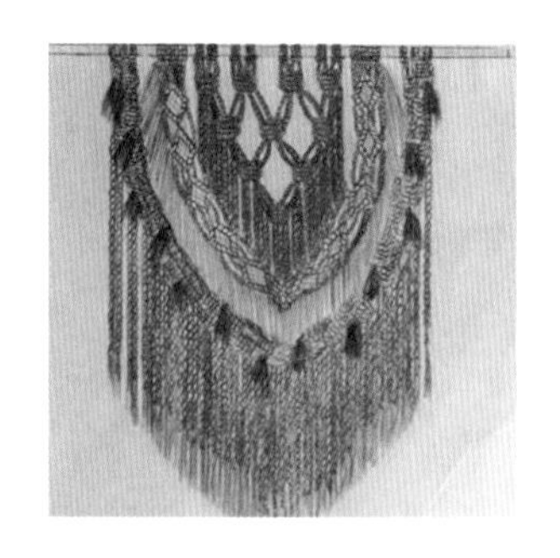

图6-67 效果图

该设计方案采用田园系的配色，低纯度的颜色搭配显得个性不强却极具亲和力，古朴典雅，使用互补色相衬又显明媚，使色彩带有烂漫纯真的感觉。

作品运用到的编结方法有云雀结、方形结、双绕结。云雀结的制作方法是将棉绳对齐并对折，然后绕过木棍，线头从线圈内穿过；方形结则需要将四根绳子连续编结成一条，每个方形结间距5cm；双绕结是先往左斜向编结，到尽头时往右斜向编结，再到尽头时又往左斜向编结，如此循环往复。

图6-68 《麦田守望者》壁挂实物

三、植物染布艺装饰画

（一）《紫韵》

设计者对面料进行二次设计，将肌理制作作为壁挂的图案。紫色的神秘气息令人着迷，再加上折叠肌理的体现，使壁挂增添了一抹生气（图6-69、图6-70）。

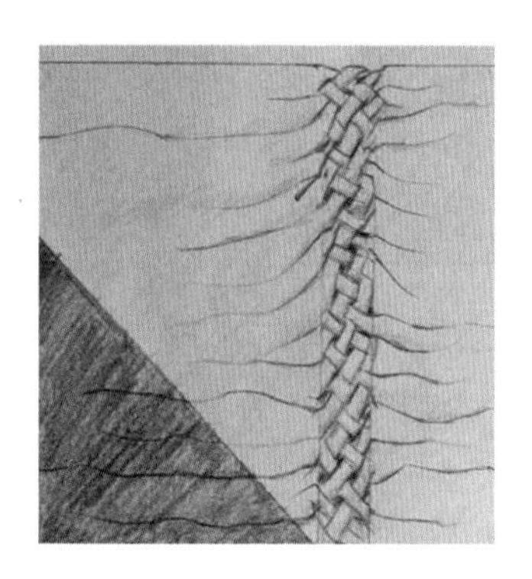

图6-69 效果图

（二）《格物致知》

此组装饰画以天空的晚霞为灵感，用苏木和红橙木表达出晚霞的颜色之美；以黄土大地为灵感，用姜黄和栀子表现大自然之美；以山水海为灵感，用靛蓝做出可以表达渐变蓝的美（图6-71）。

红色用了苏木和红橙木两种材料。用棉布袋子把苏木和红橙木装起来，先用冷水把苏木和红橙木泡一

图6-70 《紫韵》壁挂实物

个小时，把木头泡软，加热煮沸，直至颜色渗出，拿小布条试染（图6-72）。

黄色用了姜黄和栀子两种材料，用棉布袋子把姜黄和栀子装起来，煮沸至颜色渗出，拿小布条试染（图6-73）。

蓝色用了靛蓝。靛蓝染料染性很强，但蓝色是很难掌控的颜色，把布一丢下去就可以染很深的颜色，因此我们只能用水洗的方式，加上盐浸泡冲洗，边洗边使其固色（图6-74）。

最后成品如图6-75所示。

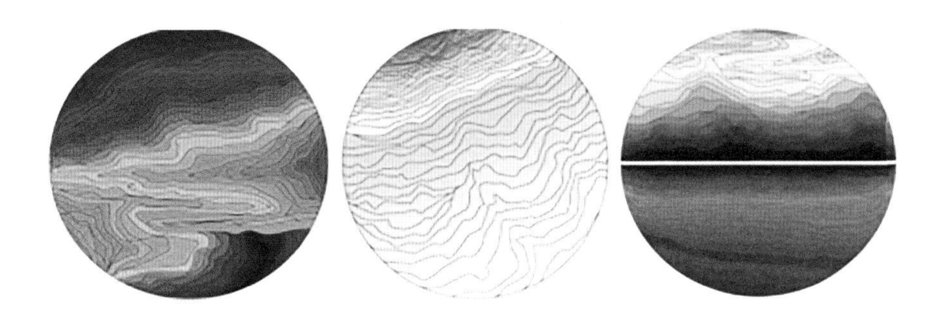

图6-71 效果图

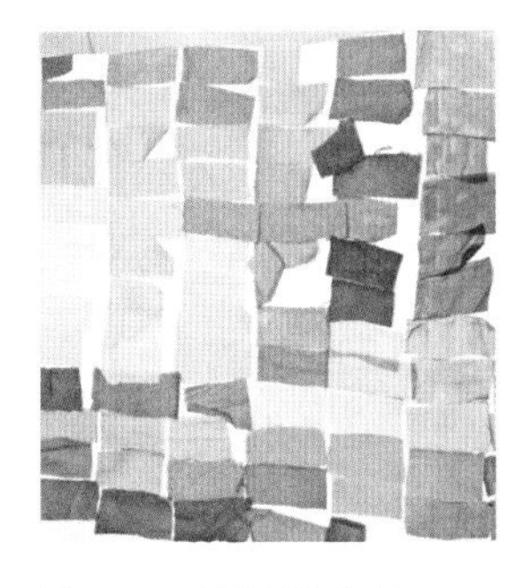

图6-72 红色试染布条

图6-73 黄色试染布条

图6-74 蓝色试染布条

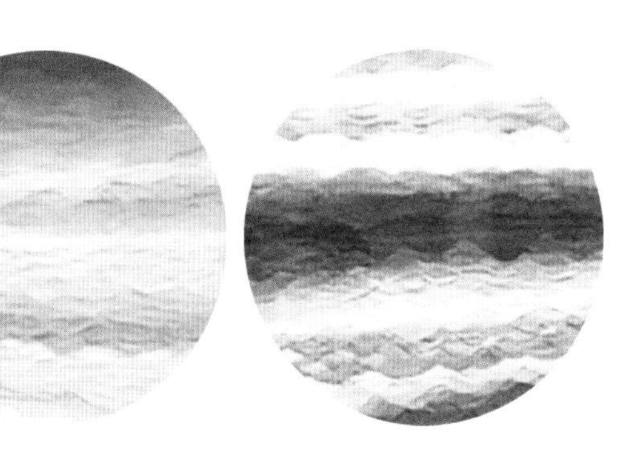

图6-75 《格物致知》装饰画实物

四、植物染灯罩

（一）红鳞蒲桃织染灯罩

该灯罩主要使用岭南特有的一种植物红鳞蒲桃将棉绳染色。染棉绳之前，先用不同时间做吊染，试做色卡，形成颜色渐进的层次效果，再进行棉绳染色，染好后再编结，最后做出成品，具体制作过程和成品如图6-76、图6-77所示。

图6-76　制作过程

图6-77　灯罩实物

（二）梅兰竹菊染绘灯罩

梅兰竹菊四君子的象征意义：梅，高洁傲岸；兰，优雅空灵；竹，虚心有节；菊，冷艳清贞。系列灯罩作品搭配圆扇、竹伞、竹灯以表现四君子古风古色、精致淡雅的气质。利用靛蓝染料染色后，对图案进行钉珠刺绣（图6-78），最后做成一组古风主题的灯罩（图6-79、图6-80）。

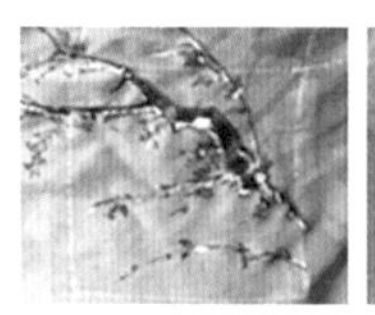

图6-78　制作过程

图6-79　灯罩实物

图6-80　细节

五、植物染家居用品

这组家居用品包括抱枕、桌布，主要使用紫草染色。制作过程为先选取浓度为95%的酒精与500g的紫草浸泡24小时以上，使紫草色素充分发挥出来，放入2米棉布染色，为使其充分着色，每隔5分钟反复翻转棉布，持续20分钟，捞出放到阴凉地方静止晾干（图6-81），然后进行抱枕套制作，最后成品实物如图6-82所示。

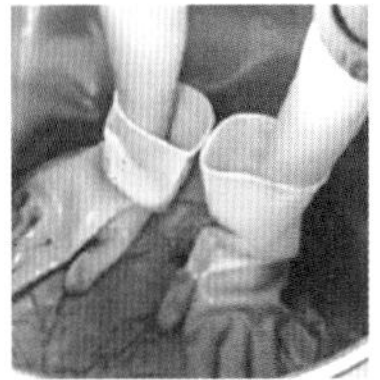
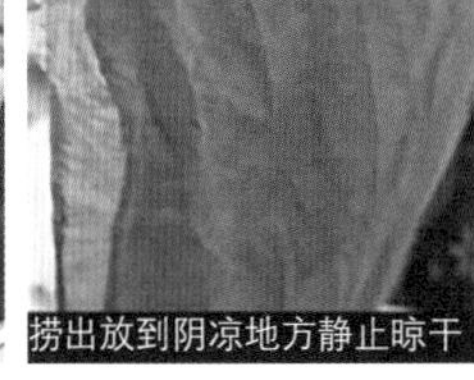

图6-81　制作过程

图6-82　实物

六、香云纱系列手袋

香云纱系列手袋《水墨·蔓发》的设计师将香云纱薯莨染色遇铁离子发生化学反应变黑的特性运用到包包设计与制作中。根据这一化学特性，先手工制作薯莨染色面料，较浅色面料浸泡一次即可得到，深色面料需要浸泡10次（图6-83）。将薯莨液染好的面料用清水浸湿后拧掉滴水，在湿润状态下浸入绿矾和薯莨液混合（较稀）溶液中做渐变效果（图6-84）。利用以上染色面料做好手提包、手袋、镜子、口红盒等饰品，最后用绿矾调配含铁离子的溶液绘画于包上，形成系列山水画图案，表现在不同饰品中。

系列手袋（图6-85）设计运用了香云纱薯莨染色技艺，并改变了香云纱染色只能正面为黑色背面为棕黄色的单一形式，丰富了香云纱染色技法的表现形式，增加香云纱染色产品样式的多样性。

图6-83　薯莨染色面料制作过程

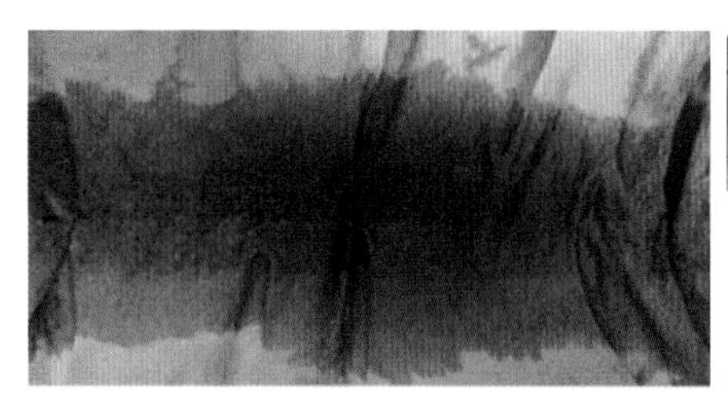
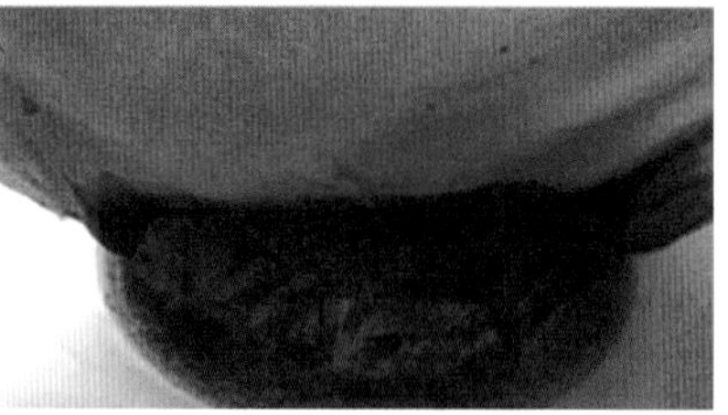

图6-84　绿矾与薯莨液混合

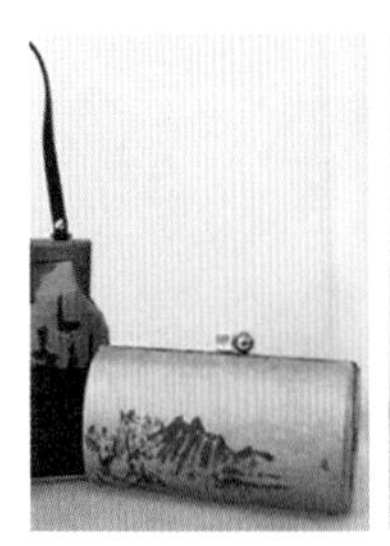

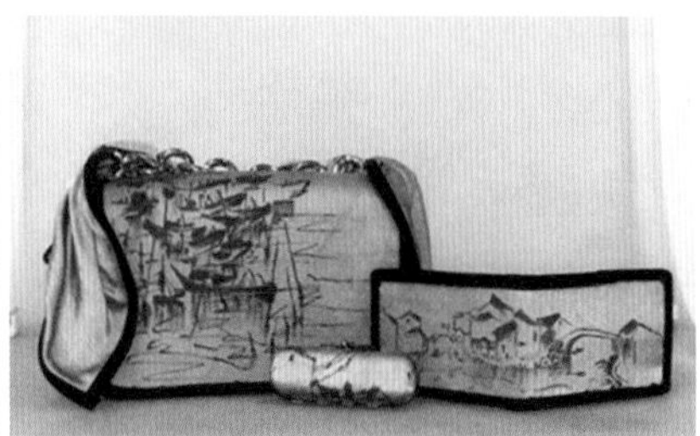

图6-85　《水墨·蔓发》香云纱系列手袋实物

传统手工艺具有较高的文化价值和艺术价值，以上作品从多方面、多角度对植物染进行应用创新，继承传统手工艺的同时又有所发展。传统手工艺在现代服装设计上的应用可以不断进行大胆的尝试，在掌握了传统工艺技法的基础上，在实践运用当中对其进行大胆的工艺创新和技法整合，甚至引入其他领域的设计当中。作者收集了解消费者的意见，探索了产品更多的可能性和创新性，力求这种立足于传统工艺上的创新性产品不断进步，不断发展，渐渐走入日常，被大众市场所接纳。

[1] 杜燕孙．国产植物染料染色法[M]．北京：商务印书馆，1950.

[2] 云中青衫．植物染色的色彩魅力．[EB/OL]．2017-06-21[2020-08-20]．http：//www.360doc.com/content/17/0621/09/44572189_665148403.shtmL.

[3] 张淑蘅．草木染审美及创新研究[J].山海经，2018（22）：7-9.

[4] 蒋佩兰．唐代服饰图案在油画人物服装中的运用美术[D].成都：四川师范大学，2019.

[5] 张国辉．明代中后期女性日常服饰色彩及其成因研究——材料与工艺角度的考察[D].北京：中国艺术研究院，2019

[6] 刘剑，王业宏，等．乾隆色谱：17-19世纪纺织品染料研究与颜色复原[M]．杭州：浙江大学出版社，2020.

[7] 宗凤英．明清织绣[M]．上海：上海科学技术出版社，香港：商务印书馆（香港），2005.

[8] 宋应星．天工开物[M]．成都：四川美术出版社，2018.

[9] 允禄，等．皇朝礼器图式[M]．扬州：广陵书社，2004.

[10] 宋炀．术以证道：植物染色术对中国传统服饰色彩美学之道的影响[J]．艺术设计研究，2015（4）：37-42.

[11] 长泽阳子．日本传统色[M]．北京：中信出版集团，2019.

[12] 李芽．中国古代眉黛研究[J].艺术设计研究，2018（2）：44-49.

[13] 杜靓．中国传统草木染及其产业化探析[J].染整技术，2018，40（6）：1-3.

[14] 王宇晓．天然植物染色在服装设计中的运用[J].山东工业技术，2014（14）：26.

[15] 贺晚非.植物染色在家居服产业中应用的适应性研究[J].山东工业技术，2018（5）：241，240.

[16] 韦鸾鸾.植物染在服饰设计中的应用[J].梧州学院学报，2017，27（6）：33–37.

[17] 黄荣华.中国植物染技法[M]. 北京：中国纺织出版社，2018.

[18] 吴越齐.岭南植物染色产品设计研究[J].包装工程，2016，37（16）：39–43.

[19] 金成熺.染作江南春水色[M].昆明：云南人民出版社，2006.

[20] 张峰.“墩头蓝”客家服饰文化传承与创新初探[J].西部皮革，2016，38（18）：49.

[21] 吴浩亮.漫话莨纱绸[J].丝绸，1999（7）：41–42.

[22] 廖雪林，吴浩亮，任光辉.佛山非物质文化遗产保护丛书香云纱染整技艺[M].广州：世界图书出版公司，2013.

[23] 李维贤，赵耀明，师严明.香云纱的加工工艺及其生态性[J].印染.2008（16）：30–32，38.

[24] 李维贤，师严明.香云纱服装设计适应性探讨[J].装饰，2008（7）：127–129.

[25] 蒋倩，吴厚林.刍议香云纱的传承与发展[J].丝绸，2007（12）：12–15.

[26] 张清心.论黎族织锦植物染技艺在现代服装设计中的运用[J].纺织科学研究，2014（11）：100–102.

[27] 曹春楠.黎族织锦植物染技艺在现代茶服设计中的运用探析[J]. 福建茶叶，2018，40（7）：93.

[28] 龙雪梅，盘志辉.瑶族刺绣：连南瑶族服饰刺绣工艺[M].广州：广东人民出版社，2009.

[29] 孙向阳.天然植物染料的提取研究[D].长春：长春工业大学，2012.

[30] 毛乐意.天然植物染色开发与实践[J].天津纺织科技，2017（4）：55–57.

[31] 三时知识.草木染色——石榴皮染色[DB/OL]. 2018–07–09[2020–08–20]. https：//www.sohu.com/a/240174241_242004.

岭南植物染纺织服饰品牌介绍

一、植物染服饰品牌类

（一）香云莎

“香云莎”是深圳本土非遗活化时尚品牌，它不仅把古典的东方神韵和西方时尚整合起来，走向国际舞台，还通过服装传递爱。用香云纱改良传统服饰成为日常成衣和礼服，让女性能够通过穿着香云莎服装展现含蓄优雅之美（附图1）。

附图1

附图1　香云莎

2004年，“香云莎”牌香云纱获得国家质检总局颁发“原产地地理标志”注册证书，实现深圳品牌在原产地地理标志产品领域零的突破，是中国纺织品行业率先获此标志的品牌。“香云莎”不仅是一个服饰品牌，更是带有岭南特色的文化符号和艺术名片。

“香云莎”品牌服饰给予了香云纱贴近生活的自由，它慢慢地走进了我们的视野和生活中，它古典又新潮，给我们平淡的岁月增添了生动的刺激，赋予了自然律动的创意灵感，呈现东方女性舒畅飘逸的时尚之美。“香云莎”品牌展示了香云纱原生态和手工工艺，它讲述着东方文化内涵，融合了西方流行时尚，彰显出尊贵和典雅。

（二）天意

“天意”是设计师梁子所创办的品牌，取其本意“天人合一”，以“平和、健康、美丽”为品牌的设计理念。1995年的一个偶然的机会，梁子邂逅了莨绸。莨绸，已经在中国存在了两千余年，在岭南的传统面料中，它与香云纱都是比较常见的面料，这两种面料既有相似之处，又不完全相同。

但梁子以卓越的见识与不懈的坚持，将中国传统文化精髓及国际最新潮流融入莨绸时装设计当中，并深度研发出“天意彩莨”“天意生纺莨”“天意柯莨”等新品种，改变了莨绸多年来的单调面貌，赋予其全新的时尚生命力。

如今作为已经成功入选国家非物质文化遗产名录的莨绸，应该感谢20多年前与梁子的相遇。因为这次相遇，让梁子专注于用莨绸设计服装的同时，致力于全面发现、保护与活化莨绸。因为这位与中国传统面料结下不解之缘的设计师，让中国乃至世界认识和关注莨绸。她研究莨绸，不断地用作品说话，如附图2所示的这些作品，也仅仅是梁子的小小一部分杰作，让我们一起来欣赏吧。

附图2　天意

（三）品·祥云纱

李焱，是香云纱原创品牌——品·祥云纱的创始人。每当打开香云纱面料，她都会沉迷其中。她想读懂每一块香云纱的灵魂，通过自己的原创设计和温暖表达，让香云纱传递给穿着者一种宁静自在的力量。这个品牌讲述的是“服装，是内在的表达，那些凝练的知性、沉稳和永不放弃的优雅，就这么静静地开在时光里”。（附图3）

附图3　品·祥云纱

品·祥云纱的香云纱服饰把时光凝练的美穿在了身上，走在都市里，在传统中融入现代都市感，简约时尚。品·祥云纱服饰没有华丽的包装，也没有任何的标牌标识，去除装饰，只想要做真正无印却受人欢迎的良品，让最合适的香云纱来衬托最合适的人。

（四）香祥响向

香祥响向时装品牌起源于香云纱发源地顺德伦教，团队改革了香云纱染整工艺，秉承“自然为本，传统时尚化”理念，在传承古老工艺的基础上，以创新理念演绎并打造香云纱高端时装，引领东方新时尚服装潮流（附图4）。

进行改良后的香云纱拥有了更丰富的色彩，并结合了中国艺术、中国文化，运用到现代时尚的时装设计中。另外，真正的顺德香云纱在洗涤的时候是不易掉色的，甚至穿10年都不会破，所以一套高端定制的香祥响向香云纱可称为艺术品。

香祥响向研发团队不仅在工艺上进行了颠覆性改革，还结合书法、绘画、刺绣等不同东方元素，打破了传统香云纱较为单一的色调，呈现出了一种多姿多彩的东方时尚感。

香祥响向的服饰结合了东方古典和西方现代美学，改良服装原本的色彩、款式，全力打造富有东西方时尚元素的香云纱时装，让服饰更具视觉艺术感。

附图4　香祥响向

（五）生活在左

生活在左品牌隶属于广州汇美服装集团，从创立之初就秉持“不可复制的手工”概念，推崇在尊重万物本真的前提下，感受天然并具有生命力的舒适生活，植物染是该品牌强调手工真实感受与不可复制的重要创作方法（附图5）。

附图5　生活在左

生活在左的植物染起步于2017年的3月，中国国际时装周是其起点，三十多套件植物染服装服饰惊艳了参加时装周的每一个人。时装周发布的各款服装开始进入市场，受到了众多消费者的欢迎。在这之后，生活在左服装品牌设计团队积极与国家非遗传承人合作，包括国家级蓝印花布印染技艺传承人吴元新、中国天然染色与中国色彩研究大师黄荣华等。2017年3月，生活在左与吴元新大师合作，作品亮相中国国际时装周，展现了蓝印花布的艺术魅力。2017年10月，生活在左与黄荣华大师合作，在中国国际时装周上重新演绎古老的植物染手艺。2019年10月，生活在左联合吴元新，参加“锦绣中华2019中国非遗服饰秀”，绽放蓝印花布时尚新生命。

二、植物染工坊品牌类

（一）舒工坊

舒工坊的品牌理念是“自在而舒，匠心为工，渊源于坊”，自在舒适为灵魂，匠心制作为态度，坊间渊源为传承。它成立于1998年，多年来专注针纺行业，产品覆盖袜品、内衣、打底衫、家居服等针纺类产品，品质优越，被公认为是中国针纺行业之翘楚（附图6）。

附图6　舒工坊

舒工坊品牌开发设计师及研发团队跟随着吉冈幸雄[1]的脚步，将目光看向了如今不再是主流的“植物染色”，以天然草本植物为原料，将传统植物染色技术与现代高科技技术相结合而推出的一种健康环保的染色技术叫舒工本草染。

舒工本草染是用茜草、五倍子、山茶等各种对人体有益的中草药植物作为染料，以天然矿物作为媒染剂制作成布料。许多染料植物兼具药草与染料的成分，具有抗炎、抑菌、防臭、抗紫外线等特殊功效。它减少了荧光增白剂等化学成分的应用，避免使用可分解芳香胺等致癌化学染料，从而减少诱发肿瘤的潜在危害。成品衣物不仅色彩多样，而且色泽更温和，触觉也更具肌肤感，非常柔软。

（二）无用

无用工作室的出品都来自于纯天然的手工制作（附图7），创始人马可从偏远的西南山区请来了一些掌握传统女红技术的手工艺人，在马可设计的基础上进行手工制

---

[1] 吉冈幸雄出身于日本京都著名的染色世家（染司よしおか），他在纪录片《紫》中详细介绍了日本传统植物染色的方法，让世界看到、了解日本传统的色彩文化，特别是传统染匠传承发展植物染工艺以及与化学染料做抗争的故事。

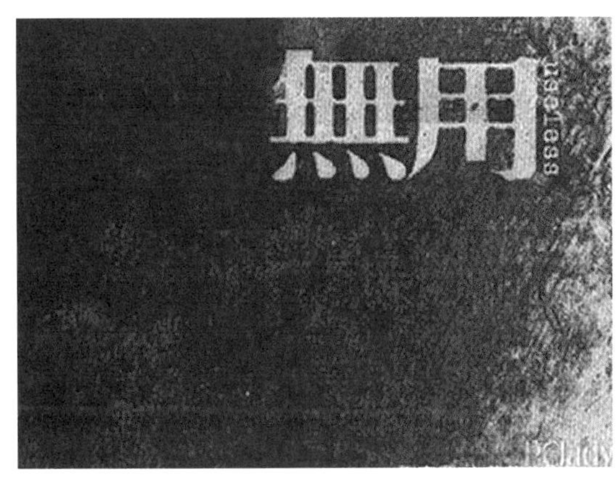

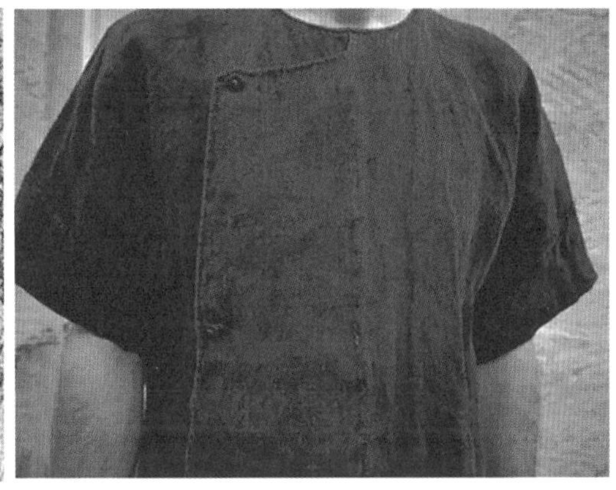

附图7　无用

作，从手织布的组织纹样开始，再到手工缝制和植物染色。马可是一个不喜欢用语言表达自己的人，却一直愿意用作品来代替自己的说话，就像马可在无用工作室的创作想表达的语言是：在现今这个已被过度耗费资源的地球，我们可以通过主动的选择，拒绝无意义的华丽与消费欲望，以“自求简朴”的生活态度，追寻更高层次的精神生活。

马可曾说过：“在无用工作室里，我们的所有出品全部是纯手工制作的，从纺纱到织布、缝制和最后的染色，全部采用手工和纯天然的方式，不会对地球造成任何负担。这也是我放弃工业的高效，而选择缓慢原始的手工的原因，如果我们不能通过物质发现其中的用心和寄托的情感及精神价值，那么对我来讲这就是‘死的物质’，现在地球上这样的东西已经堆积如山，空耗了大量的资源。”

2007年的巴黎时装周，马可“兵马俑——艺术雕塑”这一系列服装用最古老的木质纺织机纯手工制作，而最创新最赋予情感的就是这一系列服装的后半部分工序是埋藏在泥土里由自然染色去完成的，当衣服出土的时候，这件衣服本身就会记录埋藏它的时间和地点，以及所有物质留给它的印象。素色、做旧、无装饰、褶皱感、松散、强调手工和质感，处处体现出典型的马可风格。

（三）草木蓝兮

“草木蓝兮”是一支学院派背景的服装设计师生团队，在传统环保染色与现代服饰设计需求之间做探索而成立的纯草木染品牌（工作室）。草木蓝兮大胆地面向市场，依托喜欢植物染的消费人群和市场规划，来推动现代植物染的发展（附图8）。

附图8　草木蓝兮

团队的领头人罗莹同时也是团队其他成员的导师，她本职是深圳大学服装设计系教授。她认为，植物染从传统工艺角度来讲，有着自己独有的特色，但完全延承传统，没有一点儿改变的工艺品会与现代生活连接不上。古老的手艺还在，但我们的生活环境、习惯、穿衣需求、审美风格早已发生改变。所以罗莹集合团队人员自身的服装设计优势和对植物染的理解，以服装为核心，延伸至配饰、家居产品，在环保与市场之间寻找独特的出路。

“草木蓝兮”成立后不久，便受邀参展深圳时装周。作为一个初生的纯植物染服装设计品牌，受到邀请是对作品的认可，团队每一位成员都以极大的热情参与到紧张的准备工作中。一个月时间，在罗莹的带领下，团队从设计、打板、印染、缝制……做出了60多套时尚植物染服装，参加深圳时装周的走秀。时装周上，“草木蓝兮”受到了业界的关注和认可。

草木蓝兮运用了传统的东方植物染，在环保简约还带着生活禅意的设计理念中，以全新的风格呈现在现代人的眼前，蓝色、黄色与白色的搭配，既舒适又大方，符合当今社会消费者的审美。